Circuitos abiertos

Circuitos abiertos

La belleza interior de los componentes electrónicos

Eric Schlaepfer
y Windell H. Oskay

Marcombo

Título de la edición en español:
Circuitos abiertos

Primera edición en español, 2024

© 2024 MARCOMBO, S.L.
www.marcombo.com

Diseño de portada: Monica Kamsvaag y Susan Brown
Diseño de interior y maquetación: Maureen Forys, Happenstance Type-O-Rama
Revisor técnico: Ken Shirriff
Traducción: Alberto Escudero y Sonia Llena
Corrección: Mónica Muñoz
Directora de producción: M.ª Rosa Castillo

ISBN: 978-84-267-3744-1
D.L.: B 3213-2024

Impreso en Grafo
Printed in Spain

Libro ecológico
Impreso con papel procedente de bosques gestionados
de manera eficiente, libre de cloro

Los autores

Eric Schlaepfer dirige la popular cuenta de ingeniería en X (antes Twitter) *@TubetimeUS*, donde publica fotografías de cortes transversales, comparte sus proyectos de retroinformática e ingeniería inversa, investiga procesos casuales de ingeniería e incluso, de vez en cuando, comparte válvulas termoiónicas. Algunos de sus proyectos más conocidos incluyen el MOnSter 6502 (el microprocesador 6502 más grande del mundo construido con transistores individuales), la Snark Barker (una recreación retro de la famosa tarjeta de sonido Sound Blaster) y las réplicas de kits de chips Three Fives y XL741 tamaño transistor (disponibles en los laboratorios Evil Mad Scientist). Obtuvo el título en Ingeniería Eléctrica por la California Polytechnic State University, en San Luis Obispo, título firmado por Arnold Schwarzenegger.

Windell H. Oskay es el autor de *The Annotated Build-It-Yourself Science Laboratory* y cofundador de los laboratorios Evil Mad Scientist, donde se dedica a diseñar robots. Posee una licenciatura en Física y Matemáticas por el Lake Forest College y un doctorado en Física por la University of Texas at Austin. Se ha dedicado a la fotografía desde la escuela secundaria y le gustan los gatos, salvo cuando, al observar muy de cerca algún componente electrónico, encuentra pelos en él.

El revisor técnico

Ken Shirriff restaura ordenadores y otros aparatos electrónicos antiguos y escribe sobre la historia de los ordenadores. En su blog (*righto.com*), lo mira todo por dentro, desde cargadores hasta circuitos integrados. Ken trabajó como programador para Google y ostenta un doctorado en Ciencias de la Computación por la University of California, Berkeley. Ha recibido 20 patentes y ha añadido 7 caracteres al estándar de codificación Unicode. Se encuentra en X como *@kenshirriff*.

Contenidos

Agradecimientos

Muchas gracias a todos aquellos que me han ayudado en la elaboración de este libro.

Gracias a John McMaster, por abrir algunos de los chips que hemos fotografiado. A Ben Wojtowicz, por su generosidad al prestarnos su antiguo teléfono Nexus para que lo hiciéramos pedazos. También a Ken Sumrall, por dejarnos curiosear por su extensa colección de calculadoras HP con el fin de encontrar pantallas led particularmente fotogénicas. A Greg Schlaepfer, por prestarnos su amplificador clásico para guitarras. A Ken Shirriff por, además de inspirarnos con sus detalladas explicaciones técnicas, ayudarnos a revisar el libro en pos de la precisión técnica. También a Jesse Vincent, por traer algunos interruptores de teclado que, finalmente, no incluimos en el libro, pero que le agradecemos igualmente por ello. Gracias también a Brian Benchoff, por esa placa de circuito tan fotogénica. Gracias a Philip Freidin, por sus fructíferos debates. Y a Lenore Edman, por servir de trampolín de ideas y de modelo ocasional, y por permitir que Windell se tomara un año sabático para este trabajo.

Gracias al personal de No Starch Press, por hacer realidad este libro.

Por último, gracias a todos los usuarios de X por sus entusiastas respuestas a las fotos originales de cortes transversales que han inspirado este libro.

Introducción

«La forma siempre sigue a la función»

–LOUIS SULLIVAN, CITANDO A VITRUVIO

Sostenemos nuestros impecables teléfonos como si fueran reliquias. Nos encanta tocarlos. Un tipo de teléfono concreto puede parecer mejor que otro ya no por sus méritos tecnológicos, sino por su apariencia y su tacto; es decir, por su diseño. Esto es el diseño. Los diseñadores industriales, ingenieros y artistas dedican incontables horas a ajustar cada una de las curvas, colores y texturas. Un buen diseño apela a nuestros sentidos y, especialmente, a nuestro sentido de la elegancia.

Resulta menos obvio el hecho de que cada parte que compone nuestros dispositivos (cada COMPONENTE ELECTRÓNICO) es también un objeto que ha sido diseñado. Muchos componentes son, por sí solos, dispositivos compuestos de partes incluso más pequeñas, y cada una de las cuales representa incontables horas de diseño e ingeniería.

En este libro, observaremos con detalle una serie de componentes electrónicos interesantes. A medida que los vayamos viendo, aprenderemos un poquito más acerca de tres aspectos: cómo funciona, cómo fue fabricado y cómo se usa. Pero lo que principalmente hace interesantes estos componentes es que no siempre se ajustan a ninguna de estas tres categorías. A menudo, simplemente basta con que *les echemos un vistazo.*

A veces, los componentes más mundanos revelan una inesperada complejidad y valor artístico. Una roca cualquiera abierta por el martillo de un geólogo puede revelar una geoda de brillantez mineral. Un martillo resulta una metáfora particularmente apropiada, ya que este libro es en realidad un viaje *descaradamente destructivo* a través de la electrónica. Para mostrar lo que hay en el interior, utilizamos sierras, papel de lija, disolventes, discos para pulir, fresas de extremo y sí, alguna vez, un martillo de carpintero..

Para un ingeniero, un componente electrónico tiene tres partes: la INTERFAZ, el ÁREA ACTIVA y el ENCAPSULADO. La «interfaz» conecta los componentes de forma eléctrica y mecánica a un circuito, como cuando se conectan cables y orificios pasantes. El «área activa» da utilidad al componente; por ejemplo, un transistor dispone de áreas cubiertas de silicona que permiten la amplificación de señales. El «encapsulado» proporciona un soporte estructural, protección ambiental y la forma externa del componente.

Ver un componente como la suma de estas tres partes proporciona una perspectiva útil para entender su diseño *técnico*. A menudo, el área activa queda completamente eclipsada por la interfaz y el encapsulado, cosa totalmente razonable en muchos casos, como cuando uno quiere poder manipular con las manos un diminuto diodo emisor de luz, del tamaño de un grano de arena.

Otra cosa muy distinta es contemplar la *estética* de los componentes. Mientras que equipos de diseñadores y artistas colaboran en la apariencia exterior de la electrónica de consumo, no se puede decir lo mismo acerca de la apariencia exterior de cada uno de los componentes interiores. El propietario normal de un *smartphone* jamás verá qué aspecto tienen las partes internas de su teléfono.

Este libro *no* trata sobre diseño casual. Cada uno de los cables, resistores, condensadores y chips que estudiaremos ha sido intencionadamente diseñado para cumplir con unas necesidades técnicas específicas en cuanto a precisión, usabilidad y coste. Este libro *trata* sobre la belleza casual: la estética emergente de aquellas cosas que se supone que no deberíamos ver.

Componentes pasivos

1

Los resistores, los condensadores y los inductores son componentes básicos que podemos encontrar en casi todos los dispositivos electrónicos. Los tres son ejemplos comunes de componentes pasivos, una amplia categoría de componentes que no aportan energía a un circuito. En vez de eso, disipan, almacenan o transforman de alguna manera la energía. Estos son algunos de los componentes más variopintos y visualmente llamativos, decorados con rayas, puntos, revestimientos brillantes y etiquetas crípticas. Echemos un vistazo.

Cristal de cuarzo de 32 kHz

En las profundidades de un reloj de pulsera de cuarzo, yace un minúsculo diapasón, tallado a partir de un reluciente cuarzo cristalizado y que hace que el reloj funcione con precisión. El diapasón está revestido con electrodos espejados y protegido dentro de un tubo metálico.

El diapasón de un músico se puede cortar para hacer sonar un «la 440», la nota musical «la» a 440 hercios (Hz), es decir, 440 oscilaciones por segundo. Sin embargo, la frecuencia de resonancia de este diapasón de cuarzo está fuera del alcance del oído humano, el cual está sintonizado a 32 768 Hz (si dividimos

reiteradamente 32 768 Hz entre 2, acabaremos obteniendo 1 Hz.)

El cuarzo es PIEZOELÉCTRICO; es decir, se dobla levemente cuando se le aplica tensión, además de producir tensión al doblarse. El circuito del reloj aplica una pequeña cantidad de tensión a los electrodos, provocando que el cuarzo se doble y suene en su frecuencia de resonancia. Al hacerlo, produce una tensión oscilante. Cada segundo, un circuito digital cuenta 32 768 oscilaciones y, después, hace avanzar el segundero un solo tic.

Lo que parecen ser arañazos en las puntas del diapasón son, en realidad, marcas de corte láser obtenidas por un proceso que afina la frecuencia.

Resistencia de película de carbono

Las RESISTENCIAS son dispositivos que restringen o limitan el flujo de electricidad. Se utilizan cuando un circuito necesita una cantidad de corriente controlada. Este tipo de RESISTENCIAS DE PELÍCULA DE CARBONO se utilizan a diario en aparatos electrónicos como electrodomésticos y juguetes, en los cuales el coste es más importante que la precisión o el tamaño.

Una resistencia de película de carbono se compone de una varilla de cerámica cubierta de una fina capa de película de carbono que conduce la electricidad con cierta resistencia. Se corta una ranura helicoidal a través de la película, dejando un surco de carbono estrecho y alargado que va en forma de tirabuzón de un extremo de la varilla al otro. Unas tapas de metal se engarzan a los dos extremos y, posteriormente, se les añaden los cables. Después, la resistencia se sumerge en un revestimiento protector y se le pintan unas rayas codificadas por colores que indican su valor de resistencia..

Las resistencias con esta forma se denominan RESISTENCIAS AXIALES DE ORIFICIO PASANTE, que significa que tienen cables (los cuales están pensados para pasar a través de los orificios pasantes en un circuito) dispuestos a lo largo del eje de simetría de la resistencia.

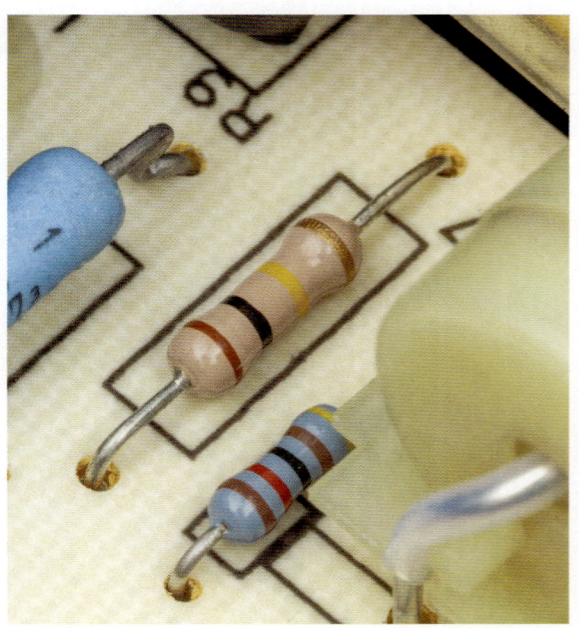

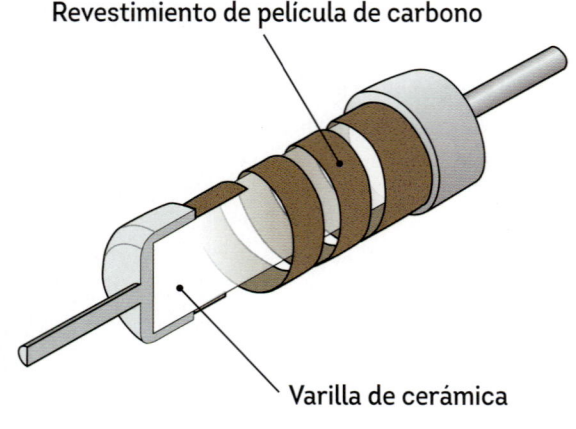

Revestimiento de película de carbono

Varilla de cerámica

La película de carbono es relativamente fina. En esta sección transversal, las ranuras solo son visibles como hendiduras en la varilla de cerámica.

La ranura en espiral se ve claramente al retirar el revestimiento de protección.

Resistencia de película de alta estabilidad

Esta **RESISTENCIA DE PELÍCULA DE ALTA ESTABILIDAD**, de unos 4 milímetros de diámetro, se fabrica de forma muy parecida a su pariente, la económica película de carbono, pero con una precisión exacta. Una fina capa de película resistiva (metal fino, óxido metálico o carbono) recubre una varilla cerámica y, a continuación, se mecaniza en la película una ranura helicoidal perfectamente uniforme.

En vez de revestir la resistencia con una resina epoxi, esta queda herméticamente sellada en un pequeño y lustroso envoltorio de vidrio. Esto la hace más robusta, ideal para casos especiales, como la instrumentación de referencia de precisión, donde la estabilidad a largo plazo de la resistencia es muy importante. El envoltorio de vidrio proporciona un mejor aislamiento contra la humedad y otros cambios ambientales que un revestimiento estándar como la resina epoxi.

Resistencia bobinada de potencia

A medida que la corriente fluye a través de una resistencia, esta convierte una cierta cantidad de energía eléctrica en calor. La mayoría de las resistencias convencionales poseen una escasa capacidad para disipar el calor, ya que no pueden soportar temperaturas elevadas, lo que limita la cantidad de energía que pueden soportar.

Las **RESISTENCIAS DE POTENCIA**, como esta, están hechas sin usar materiales que limiten la temperatura, como soldadura o epoxi, lo que les permite soportar más energía. Algunas fuentes de energía las usan para limitar las ráfagas de corriente que se producen al conectarlas. El elemento activo es un cable de metal resistivo enrollado alrededor de un núcleo aislante. El montaje resistivo se sitúa en una cápsula de cerámica tolerante al calor y se rellena con lechada de cemento.

El cable resistivo se enrolla alrededor de un núcleo de cristal de fibra, pero, dado que esta resistencia está partida por la mitad, todo lo que se puede ver son los extremos de los cables..

Matriz de resistencias de película gruesa

Muchos circuitos requieren múltiples resistencias idénticas; por ejemplo, un bus de datos digitales puede necesitar una RESISTENCIA DE TERMINACIÓN conectada en serie con cada una de las líneas de datos, o puede que cada uno de los pines genéricos de un microcontrolador pueda necesitar una RESISTENCIA *PULL DOWN* entre el pin y la tierra. Una matriz de resistencias elimina la necesidad de tener múltiples resistencias separadas, pues consta de varias resistencias fabricadas como un único componente.

Aquí mostramos varias MATRICES DE PELÍCULA GRUESA, nombradas así por la tecnología usada en su fabricación, la cual emplea películas conductivas y resistivas serigrafiadas, que se cuecen como un esmalte de alfarería sobre un sustrato cerámico. Después de colocar y soldar los terminales de metal, un láser quema parte del material resistivo para ajustar cada resistencia individual a su especificación correcta. Finalmente, la matriz se sumerge en una capa de epoxi para su protección..

todos los terminales están dispuestos en línea recta. Posee cuatro resistencias independientes que no están conectadas entre ellas..

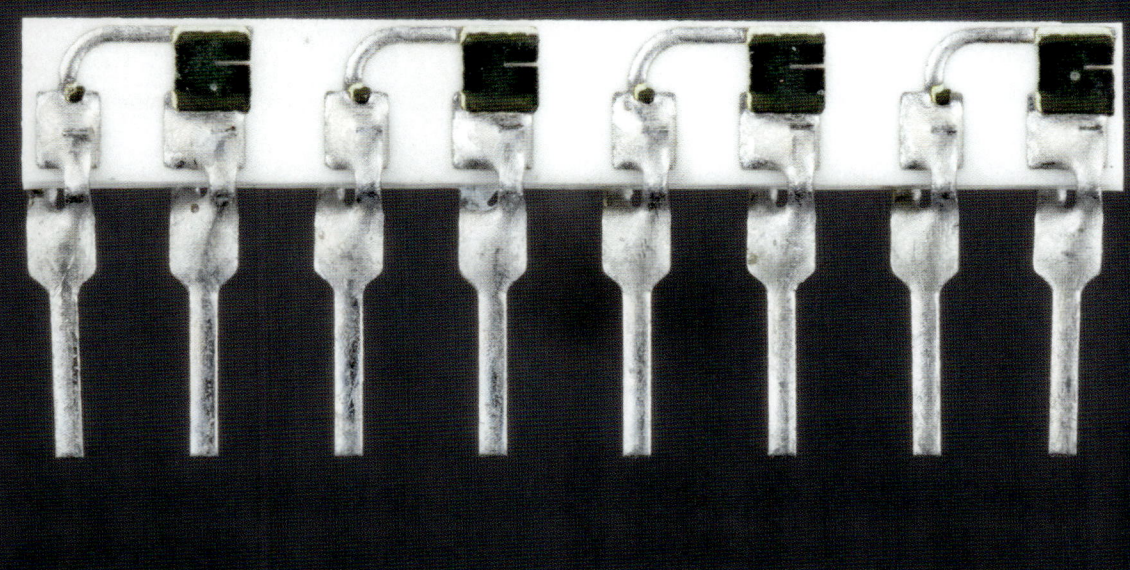

Los cortes rectos en el material resistivo de color verdoso marcan la trayectoria del láser de recorte.

Resistencia de chip de montaje superficial

Actualmente, la más común de las resistencias individuales es la RESISTENCIA DE MONTAJE SUPERFICIAL DE PELÍCULA GRUESA, también conocida como RESISTENCIA DE CHIP por sus ordenados paquetes rectangulares, los cuales carecen de cables. Anualmente se producen miles de millones de resistencias, y podemos encontrarlas en cualquier tipo de dispositivo electrónico de consumo producido a gran escala.

Se trata de resistencias de MONTAJE SUPERFICIAL, diseñadas para ser soldadas directamente sobre la superficie de una placa de circuito, en lugar de soldar cables que atraviesan orificios en la placa de circuito. Están fabricadas de manera similar a las matrices de resistencias de película gruesa, incluyendo el recorte por láser.

Varias resistencias de montaje superficial, con el revestimiento de epoxi pelado para mostrar el elemento de película gruesa que hay debajo.

Matriz de resistencias de película fina

Las **RESISTENCIAS DE PELÍCULA FINA**, como las ocho que se muestran en esta matriz, son dispositivos de precisión fabricados mediante el grabado de un patrón en una capa ultrafina de óxido metálico **PULVE-RIZADO** (depositado al vacío) o **CERMET** (un compuesto de cerámica y metal). Las matrices de película fina se utilizan cuando un circuito necesita resistencias ajustadas o calibradas con precisión, como en el caso de equipamientos médicos o científicos.

Cada una de las marcas serpenteantes de material resistivo posee áreas que pueden ser recortadas a láser para afinar el valor de resistencia con mayor precisión.

Los terminales para soldar situados en el extremo de cada resistencia permiten soldar esta matriz directamente sobre una placa de circuito impreso.

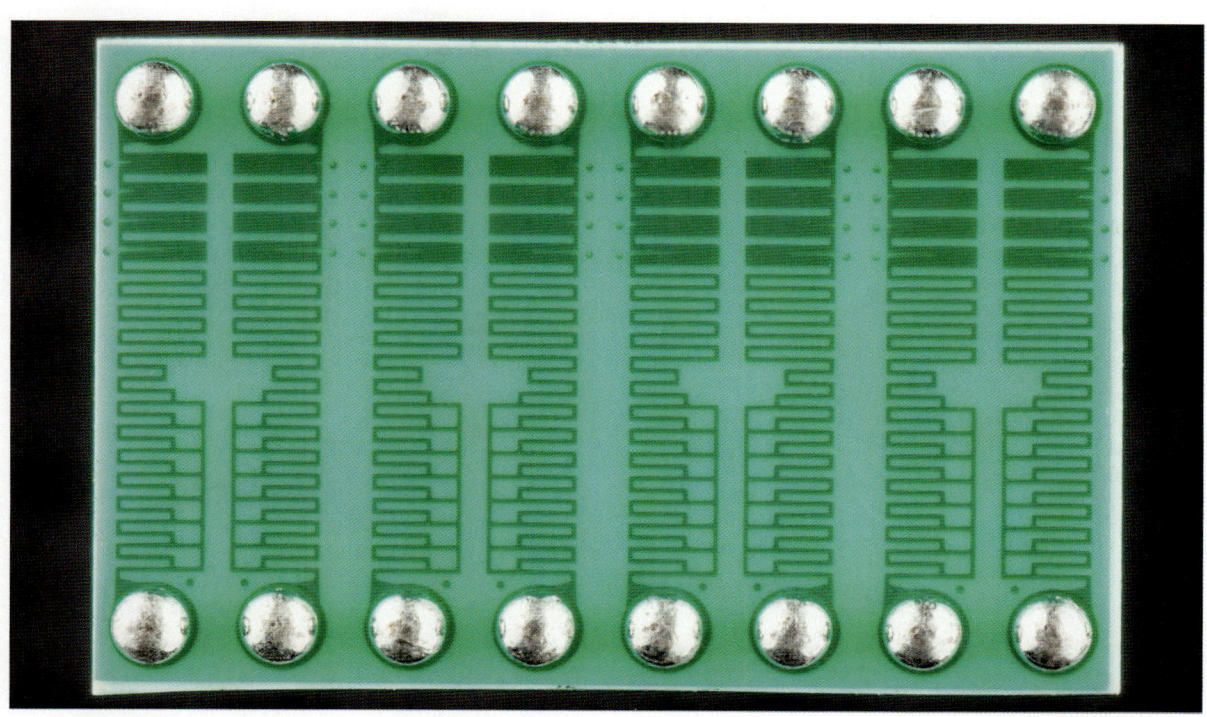

Potenciómetro bobinado

Un **POTENCIÓMETRO** es una resistencia ajustable. Los potenciómetros se utilizan como botones de control en el panel frontal de todo tipo de aparatos, desde instrumentos de laboratorio hasta amplificadores de guitarra, es decir, cualquier objeto en el que giramos un botón para ajustar algo.

Este potenciómetro de gran tamaño está fabricado con cable resistivo enrollado alrededor de una pieza de cerámica, un viejo diseño que ha permanecido inalterado desde 1925 y que sigue fabricándose actualmente.

Dispone de dos terminales conectados a ambos extremos del cable resistivo y un tercero conectado a un contacto accionado por resorte llamado **CURSOR**. Este cursor toca las bobinas de alambre, estableciendo una conexión eléctrica que puede desplazarse girando el eje.

A medida que el cursor se aleja o se acerca al terminal, la resistencia entre ambos aumenta o disminuye, debido a que la corriente eléctrica debe fluir a través de distintas longitudes de resistencia. Un circuito amplificador transforma este cambio de resistencia en un volumen más alto, o una placa calefactora lo interpreta como un punto de ajuste de la temperatura..

El cursor de un potenciómetro estándar se puede rotar $^2/_3$ o $^3/_4$ de giro entre los dos terminales fijados.

La mayor parte del bobinado está cubierto con un esmalte de vidrio, de manera similar al vidriado de cerámica. Solo la superficie que contacta con el cursor tiene el cable expuesto.

Potenciómetro trimmer

Los **POTENCIÓMETROS TRIMMER**, a menudo conocidos con el nombre comercial de **TRIMPOT**, no están diseñados para ser manipulados por el usuario final. Al contrario, están diseñados para una calibración inicial y un ajuste poco frecuente. Podemos encontrarlos en dispositivos electrónicos de precisión que requieren de un ajustado preciso en fábrica o por parte de los técnicos de servicio.
La vida útil típica de uno de estos potenciómetros es de tan solo un centenar de ajustes.

Este colorido potenciómetro posee una sección en forma de herradura hecha de una película resistiva de cermet, en vez de una bobina de alambre. Por fuera, es preciso utilizar una herramienta de ajuste de plástico o un destornillador para girar el rotor de plástico amarillo. Dentro, el rotor mueve un resorte de metal flexible que actúa como cursor, conectando el centro del terminal a la película de cermet resistiva y cambiando la resistencia entre el centro del terminal y los otros dos terminales.

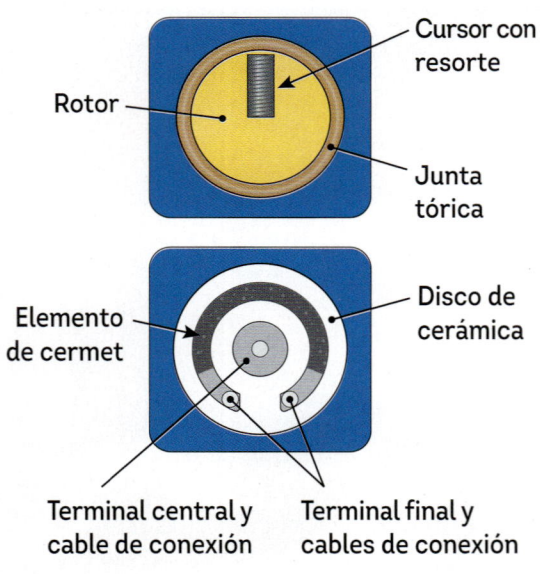

Cursor con resorte

Rotor

Junta tórica

Elemento de cermet

Disco de cerámica

Terminal central y cable de conexión

Terminal final y cables de conexión

Una junta tórica de color naranja situada debajo del rotor impide la entrada de polvo y suciedad y proporciona fricción para mantener el rotor en su sitio después del ajuste.

Potenciómetro trimmer de 15 vueltas

Se necesita rotar 15 veces un tornillo de ajuste para mover un potenciómetro trimmer de 15 vueltas de un extremo a otro de su rango resistivo. Los circuitos que necesitan ser ajustados con un control de resolución preciso usan este tipo de potenciómetro, en vez de la variante de una sola vuelta.

El elemento resistivo en este potenciómetro consiste en una tira de cermet serigrafiada sobre un sustrato de cerámica blanca. El metal serigrafiado conecta cada extremo de la tira a los cables conectores. Se trata de una versión plana y lineal del elemento resistivo en forma de herradura de los trimmers de una sola vuelta.

Al girar el tornillo de ajuste, un deslizador de plástico se desplaza por una pista. El cursor es un TENSOR CON MUELLE, un contacto metálico con resorte ensamblado al deslizador. Este hace contacto entre una tira metálica y el punto seleccionado de la tira de película resistiva.

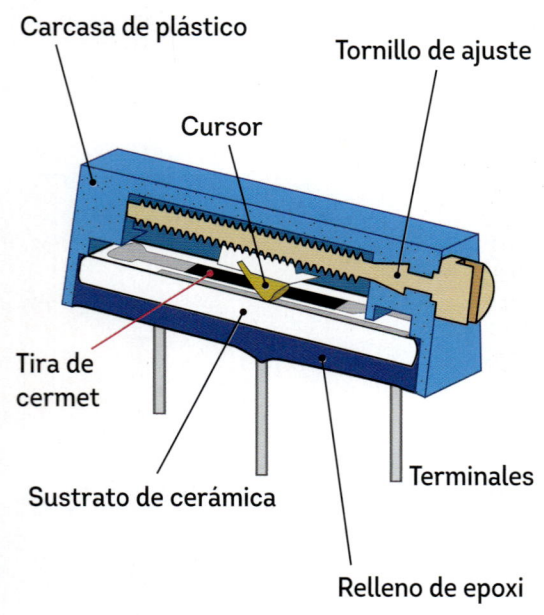

Carcasa de plástico

Tornillo de ajuste

Cursor

Tira de cermet

Sustrato de cerámica

Terminales

Relleno de epoxi

Aunque no resulta obvio viendo por fuera el dispositivo, el tornillo de ajuste está eléctricamente aislado de los tres pines del componente.

Potenciómetro de 10 vueltas

Un potenciómetro de 10 vueltas se parece mucho a un potenciómetro bobinado, pero su rango de ajuste es de 10 vueltas completas en vez de menos de una vuelta. Se trata de un dispositivo especializado, ocasionalmente utilizado como perilla de entrada en instrumentos sensibles en los que se necesita una alta resolución de ajuste.

El cursor de un potenciómetro de 10 vueltas está en contacto permanente con una pista helicoidal, la cual se mueve arriba o abajo a medida que el eje rota. La pista está formada por alambre resistivo enrollado firmemente alrededor de una forma de cobre aislada. Los extremos del cable están conectados a dos de los terminales.

La conexión entre el cursor y el tercer terminal se lleva a cabo a través de una tira vertical de latón, la cual gira con el eje. Cuando el cursor se mueve hacia arriba y hacia abajo, mantiene el contacto con la tira mediante un contacto de resorte. Otro contacto de resorte mantiene el contacto entre la tira de latón y el tercer terminal a medida que la tira gira.

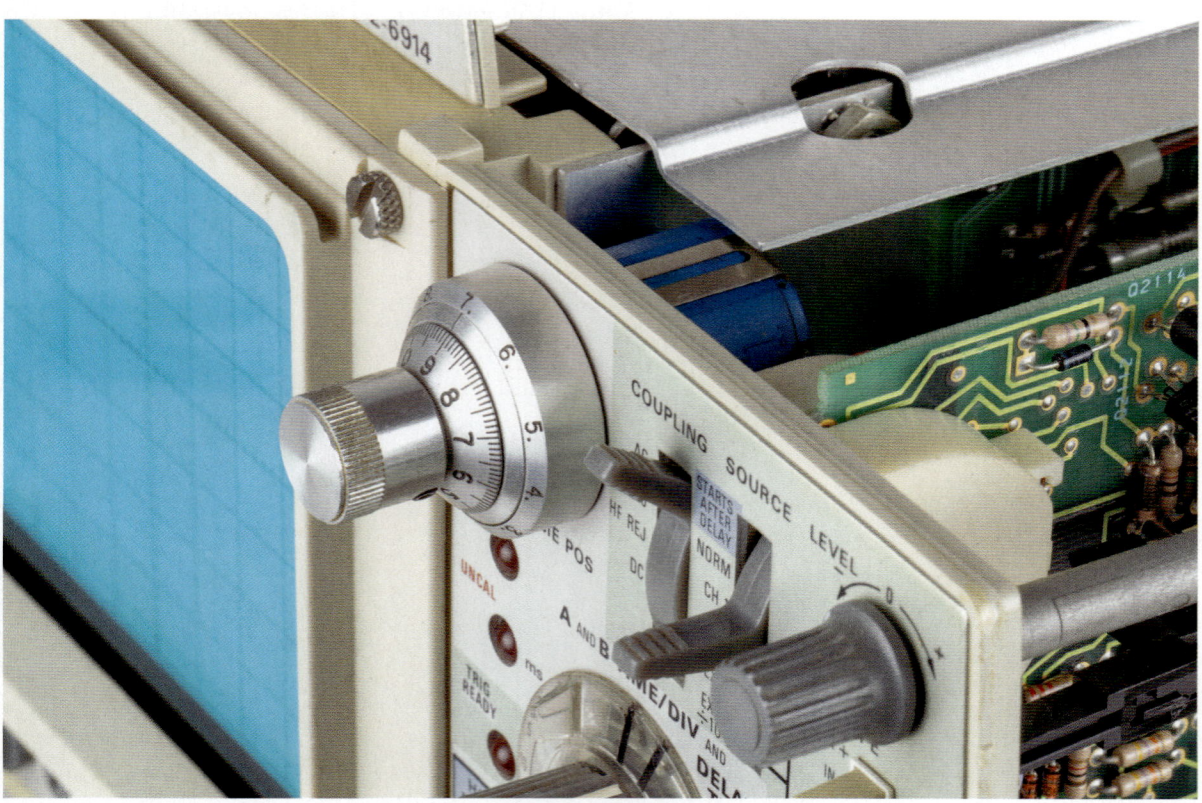

Rellenamos el cuerpo de este potenciómetro con resina transparente para mantener el contenido en su sitio, mientras lo abrimos por la mitad.

Condensador de disco cerámico

Los **CONDENSADORES** son componentes electrónicos fundamentales que almacenan energía en forma de electricidad estática. Tienen innumerables aplicaciones, incluyendo el almacenamiento de energía en masa, el suavizado de señales electrónicas o el uso como celdas de memoria de ordenadores. El condensador más sencillo está formado por dos placas de metal paralelas con un hueco entre ellas. Sin embargo, los condensadores pueden adoptar muchas formas, siempre que haya dos superficies conductoras, llamadas **ELECTRODOS**, separadas por un aislante.

Un condensador de disco cerámico es un condensador de bajo coste que solemos encontrar en electrodomésticos y juguetes. Su aislante es un disco cerámico, y sus dos placas paralelas son envoltorios metálicos extremadamente finos que se evaporan o pulverizan sobre las superficies exteriores del disco. Los cables de conexión se unen mediante una técnica de soldadura y todo el conjunto se sumerge en un material de revestimiento poroso que se endurece al secarse, protegiendo el condensador de posibles daños.

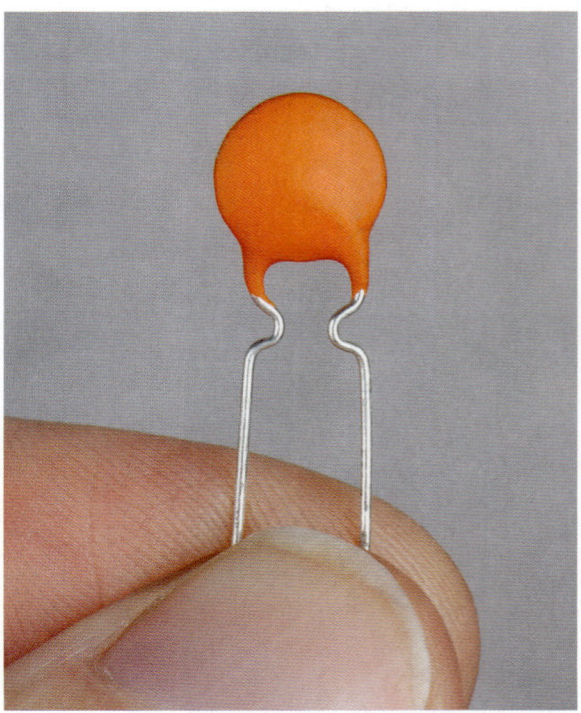

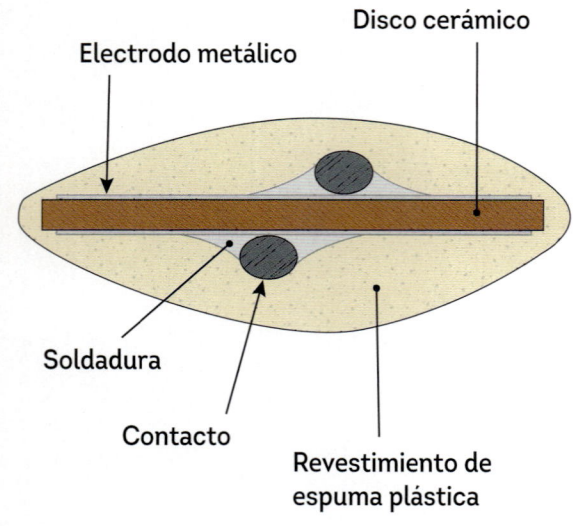

Electrodo metálico

Disco cerámico

Soldadura

Contacto

Revestimiento de espuma plástica

Las capas de metal en las superficies del disco cerámico son tan finas que puede resultar complicado verlas en esta sección transversal.

Condensador de vidrio

La **CAPACITANCIA** eléctrica de un condensador (es decir, la cantidad de carga eléctrica que se puede almacenar en un determinado voltaje) depende del área superficial de las placas conductivas, la distancia entre ambas y el tipo de aislador utilizado entre ellas. Este aislador o aislante se conoce como **DIELÉCTRICO**. Mientras que casi cualquier aislante (incluso el aire) puede ser utilizado como dieléctrico, ciertos materiales proporcionan una capacitancia mucho mayor que la que ofrecería una cámara de aire.

Este condensador encapsulado en vidrio tiene múltiples conjuntos de láminas de papel de aluminio interdigitadas entre sí. Esta disposición en capas aumenta la cantidad de área superficial disponible e incrementa la capacitancia eléctrica. Las finas capas de vidrio, un excelente aislante, funcionan como dieléctrico.

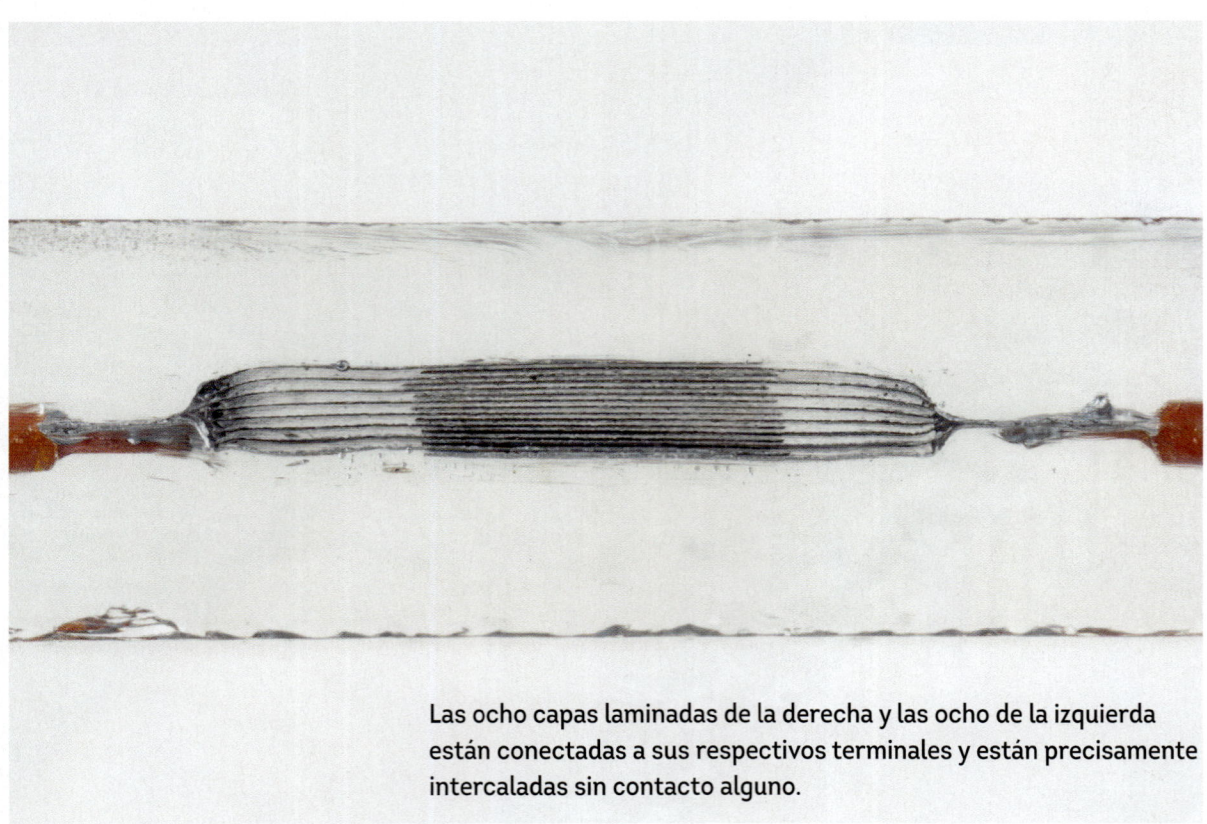

Las ocho capas laminadas de la derecha y las ocho de la izquierda están conectadas a sus respectivos terminales y están precisamente intercaladas sin contacto alguno.

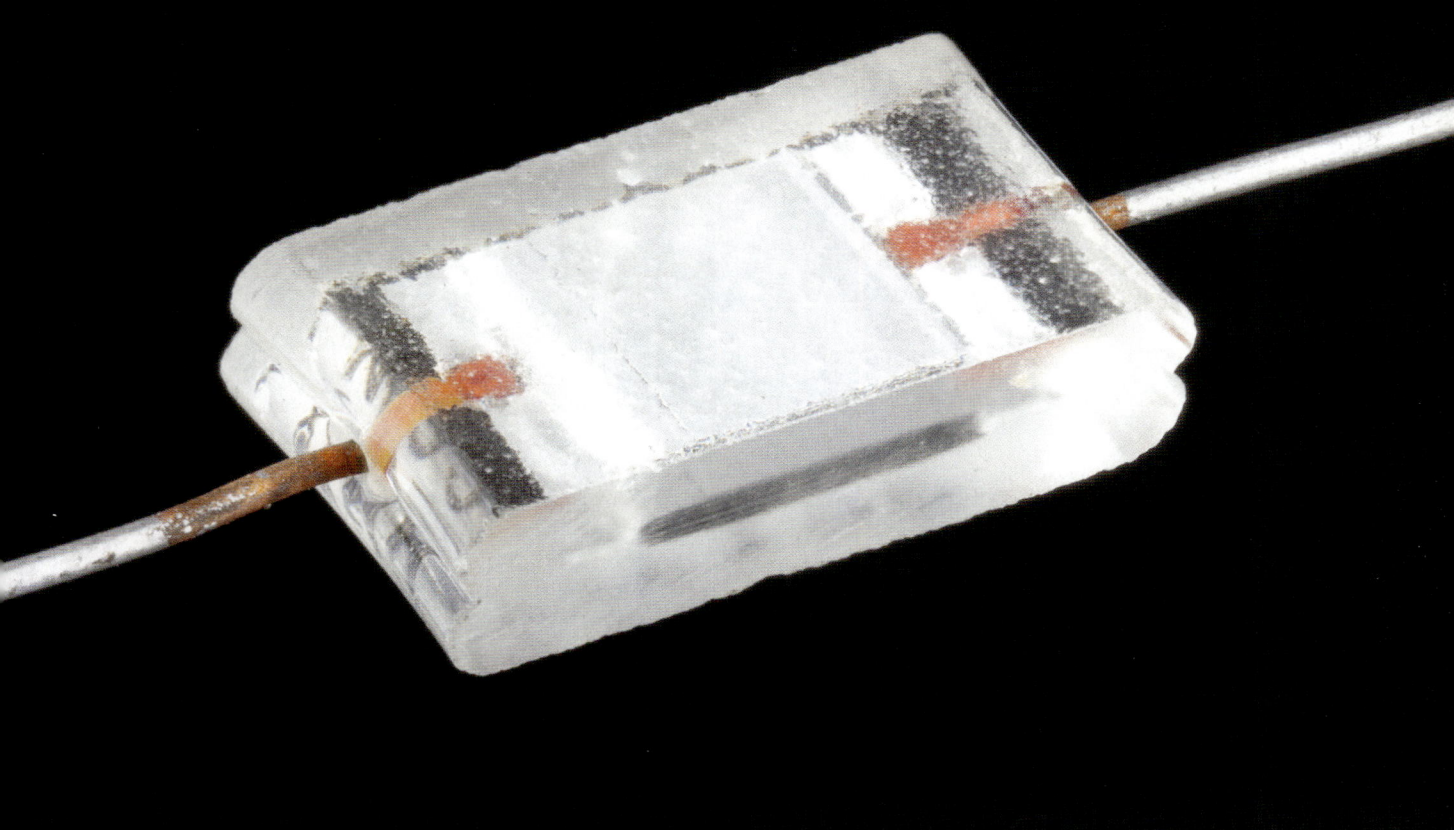

Para proporcionar robustez, el mismo tipo de vidrio usado entre las capas laminadas se utiliza como encapsulado del dispositivo, de unos 5 milímetros de grosor.

Condensador cerámico multicapa

Los **CONDENSADORES CERÁMICOS MULTICAPA** (MLCC, del inglés *multilayer ceramic capacitors*) son el componente electrónico individual más común que se produce actualmente: un smartphone puede contener cientos de ellos, la mayoría de los cuales se utilizan para asegurar un suministro de energía estable a lo largo de los distintos puntos del circuit.

Los MLCC son **CONDENSADORES DE CHIP** de montaje superficial, formados por capas intercaladas de metal depositado entre capas de cerámica especializada.

La sección transversal que mostramos aquí mide 1,5 milímetros de largo y tiene

cinco capas de metal intercaladas, con dos capas conectadas a un terminal y tres al otro. Otros MLCC con diferentes propiedades pueden tener miles de capas en un dispositivo del mismo tamaño.

El color de un MLCC está condicionado, sobre todo, por la calidad de la cerámica. Este condensador está fabricado con una cerámica de alta estabilidad conocida como C0G.

Condensador electrolítico de aluminio

Los **CONDENSADORES ELECTROLÍTICOS DE ALU-
MINIO** concentran una gran capacitancia
eléctrica en un espacio pequeño y es muy
frecuente encontrarlos en las fuentes de alimentación. El cartucho metálico exterior está
relleno de un **ELECTROLITO**, un líquido conductor. El propio líquido se utiliza como una de las
superficies conductivas del capacitador. La
otra es una tira larga, fina y enrollada de papel
de aluminio sumergida en el líquido.

El papel de aluminio está **ANODIZADO** y produce óxido de aluminio en su superficie, que
actúa como dieléctrico entre el papel y el
líquido. Una segunda tira de papel de aluminio
enrollada, separada de la primera mediante
aisladores de papel, funciona como terminal,
conectando el líquido a los cables.

Antes de ser anodizado, el papel de
aluminio se graba de tal forma que
incrementa sustancialmente su área de
superficie y, por tanto, su capacitancia.

Condensador de película

Podemos encontrar **CONDENSADORES DE PELÍCULA** en equipos de audio de alta calidad, como es el caso de los amplificadores de auriculares, tocadiscos, ecualizadores gráficos y sintonizadores de radio. Su característica principal es que el material dieléctrico está compuesto de una película de plástico, como el poliéster o el polipropileno.

Los electrodos metálicos de este condensador de película se depositan al vacío sobre la superficie de largas tiras de película de plástico. Tras haber ensamblado los cables, las películas se enrollan y sumergen en un epoxi que mantiene unido el conjunto. A continuación, todo el conjunto se sumerge en un revestimiento resistente y se marca con su valor.

Otros tipos de condensadores de película se fabrican mediante el apilado de capas planas de una película de plástico metalizado, en vez de enrollar capas de película.

Los condensadores de película encajan una amplia área superficial en un espacio compacto mediante el uso de capas superpuestas de una película de plástico fina.

La película de plástico es transparente y notablemente fina.

Condensador de tantalio sumergido

En el núcleo de este condensador se encuentra un *pellet* poroso de tantalio. Este pellet se fabrica a partir de polvo de tantalio y se sinteriza, o comprime, a alta temperatura, hasta obtener un elemento sólido denso y esponjoso.

De la misma forma que una esponja de cocina, el *pellet* resultante posee una amplia área superficial por unidad de volumen. El *pellet* se anodiza y crea una capa de óxido aislante con un área superficial igual de extensa. Este proceso concentra mucha capacitancia en un dispositivo compacto y utiliza la forma de esponja, en vez de las capas apiladas o enrolladas que usan la mayoría de los condensadores.

El terminal positivo del dispositivo, o ANODE, está conectado directamente al tantalio. El terminal negativo, o CATHODE, está formado por una fina capa de dióxido de manganeso conductor que recubre el *pellet*.

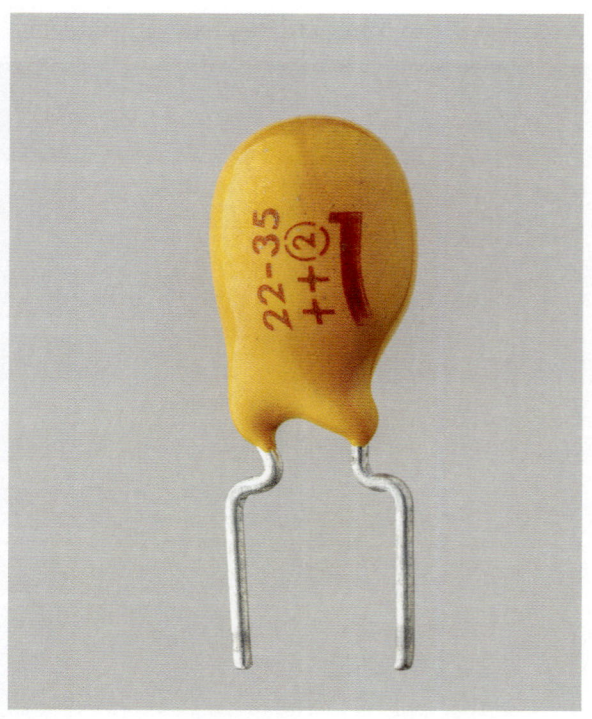

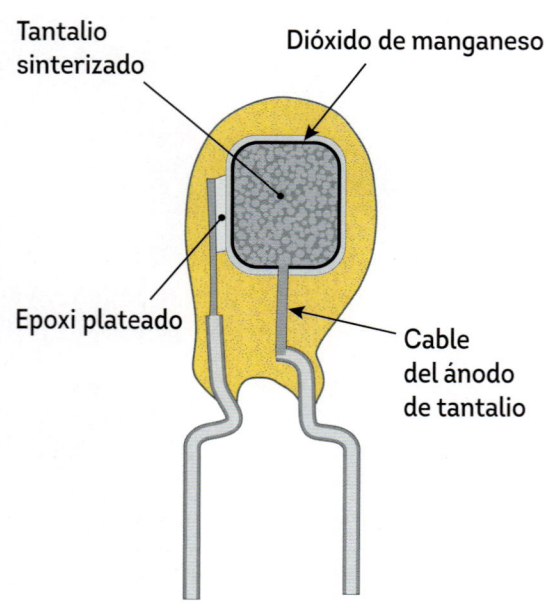

Tantalio sinterizado

Dióxido de manganeso

Epoxi plateado

Cable del ánodo de tantalio

Conectar un condensador de tantalio al revés provoca cambios químicos que dañan la fina capa de óxido. La etiqueta en el revestimiento de plástico sumergido marca el ánodo de metal con el símbolo «++».

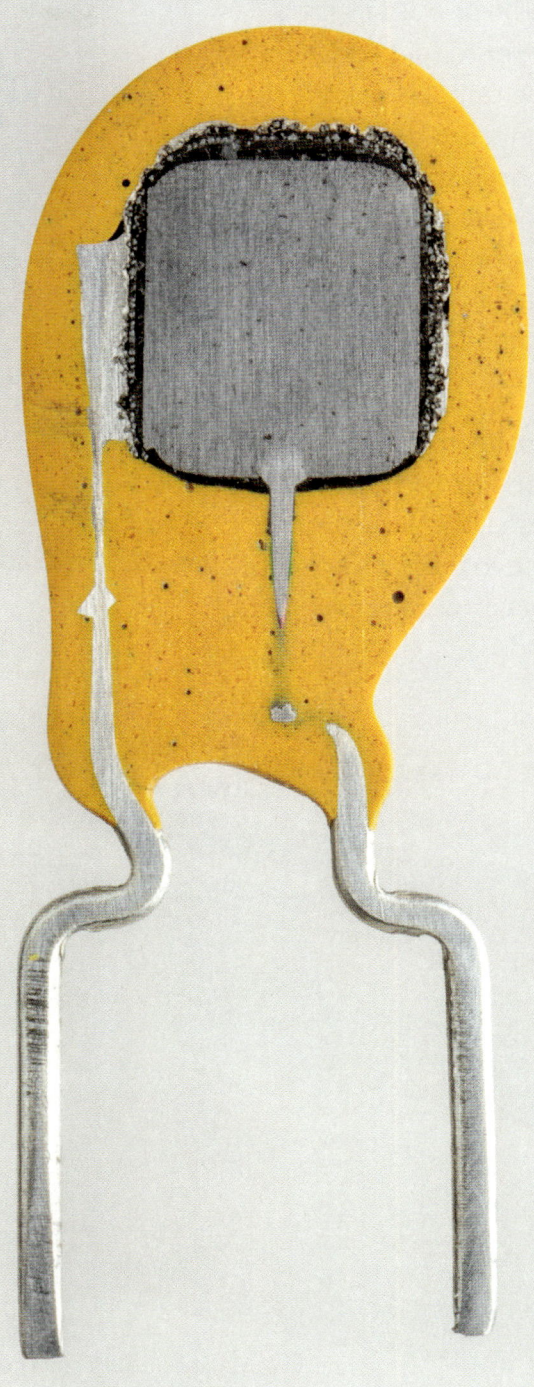

Condensador de polímero de tantalio

Los **CONDENSADORES DE CHIP DE POLÍMERO DE TANTALIO** están estrechamente relacionados con los condensadores de tantalio sumergido. Ambos se ubican sobre un trozo de metal de tantalio oxidado con una gran superficie. Este trozo de metal está recubierto con un electrolito de polímero conductor, el cual fluye por todas sus irregularidades. Capas de pasta de carbono y plateada conectan el polímero al terminal catódico.

El componente se encapsula en una carcasa de epoxi moldeada. Dispone de terminales estañados para soldar a una placa de circuito impreso. Al ser un dispositivo polarizado, está etiquetado tanto con su valor como con una marca para indicar el ánodo.

El tantalio se utiliza para condensadores, dado que su óxido es un dieléctrico particularmente efectivo.

Condensador de polímero de aluminio

Los **CONDENSADORES DE CHIP DE POLÍMERO DE ALUMINIO** descienden directamente de los condensadores electrolíticos estándar, a pesar de sus notorias diferencias en su aspecto exterior e interior.

En vez de estar enrolladas, las láminas de papel de aluminio oxidadas y grabadas se encuentran dispuestas una encima de la otra y unidas entre sí. Además, en vez de usar un electrolito líquido, este condensador utiliza un polímero conductivo como cátodo.

Este tipo de condensador, más moderno, se puede encontrar frecuentemente en *smartphones*, tabletas y ordenadores portátiles. Su popularidad radica, en parte, en el tamaño de su perfil, que le permite caber en lugares donde otros condensadores electrolíticos de mayor tamaño no caben.

Las capas de pasta de carbono negro conductivo y el epoxi plateado proporcionan una conexión eléctrica entre el papel de aluminio recubierto de polímero y el cátodo.

Inductor axial

Los **INDUCTORES** son componentes electrónicos fundamentales que almacenan energía en forma de campo magnético. Se utilizan, por ejemplo, en algunos tipos de fuentes de alimentación para convertir tensión mediante el almacenamiento y la liberación de energía. Este eficiente diseño ayuda a optimizar la vida útil de la batería de teléfonos móviles y otros dispositivos electrónicos portátiles.

Generalmente, los inductores están formados por un cable aislante en espiral enrollado alrededor de un núcleo de material magnético como hierro o **FERRITA**, un compuesto cerámico relleno de óxido de hierro. La corriente fluye alrededor del núcleo y produce un campo magnético que actúa como una especie de volante para la corriente, suavizando los cambios en esta a medida que fluye a través del inductor.

Este inductor axial tiene un alambre de cobre barnizado enrollado alrededor de una pieza de ferrita y soldado a unos pines de cobre en sus dos extremos. Dispone de varias capas de protección: un barniz transparente sobre los bobinados, un revestimiento de color verde claro alrededor de las juntas de soldadura y un llamativo revestimiento exterior de color verde para proteger todo el componente y proporcionar una superficie para las rayas de colores que indican su valor de **INDUCTANCIA**.

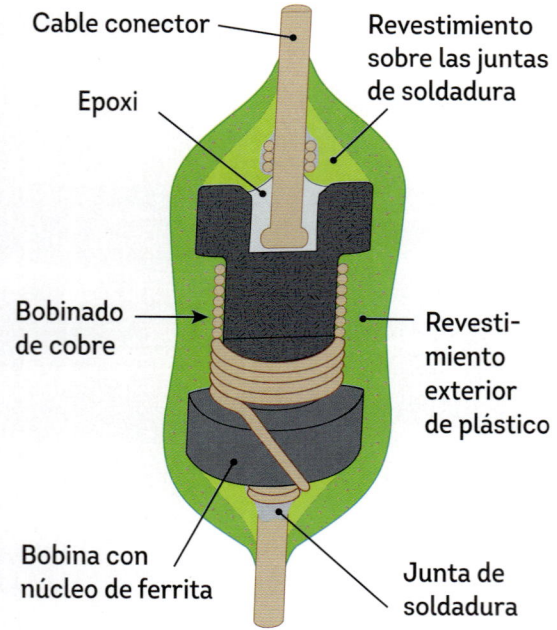

Cable conector

Revestimiento sobre las juntas de soldadura

Epoxi

Bobinado de cobre

Revestimiento exterior de plástico

Bobina con núcleo de ferrita

Junta de soldadura

Los pines de cobre se ensamblan al núcleo cerámico de ferrita con epoxi de color beis, antes de enrollar el cable de cobre.

Inductor de montaje superficial

Este inductor de montaje superficial, de solo 5 milímetros de ancho, está diseñado para ser compacto, barato y fácil de soldar por equipos automatizados. Podemos encontrarlos en teléfonos móviles, tabletas y ordenadores portátiles.

Mientras que los inductores axiales disponen de cables de conexión que cruzan la placa de circuito, este inductor posee terminales que se asientan directamente encima del circuito para soldar.

El inductor dispone de unas finas bobinas de alambre de cobre barnizado, denominado ALAMBRE MAGNÉTICO, enrolladas alrededor de una bobina de cerámica de ferrita. El núcleo montado se coloca dentro de otra pieza de ferrita para protegerlo de los campos magnéticos parásitos.

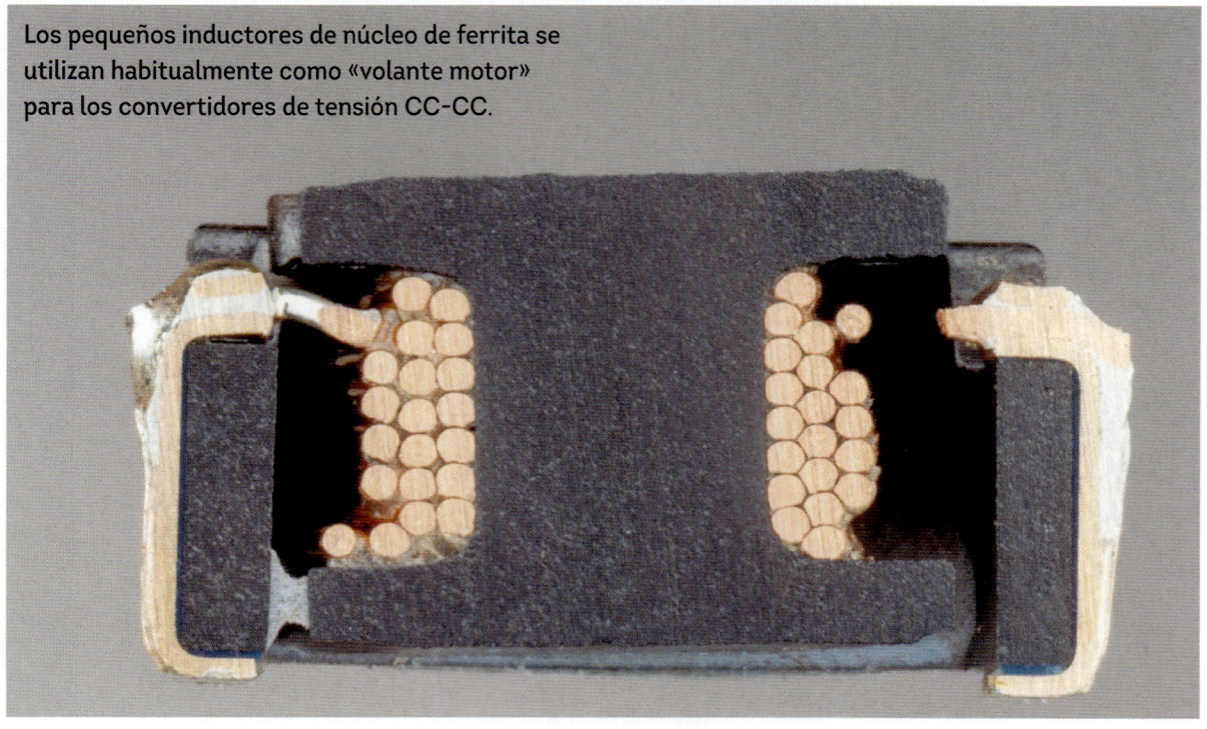

Los pequeños inductores de núcleo de ferrita se utilizan habitualmente como «volante motor» para los convertidores de tensión CC-CC.

Inductor de ferrita sinterizado

Este conductor, de aproximadamente 6 milímetros de ancho, tiene solo dos bucles de cable de cobre. Aunque no podemos verlo, los dos extremos de este cable enrollado están conectados a los terminales de cobre a la izquierda y a la derecha.

A diferencia del inductor de montaje superficial, los bobinados de cobre de este inductor parecen estar suspendidos dentro de la ferrita sólida como por arte de magia. Este inductor ha sido fabricado mediante un proceso de sinterización, durante el cual se comprime un fino polvo de ferrita para otorgarle su forma final alrededor de los bobinados. Observe atentamente y verá que los bobinados de cobre se encuentran unidos unos con otros y deformados ligeramente como consecuencia de este proceso.

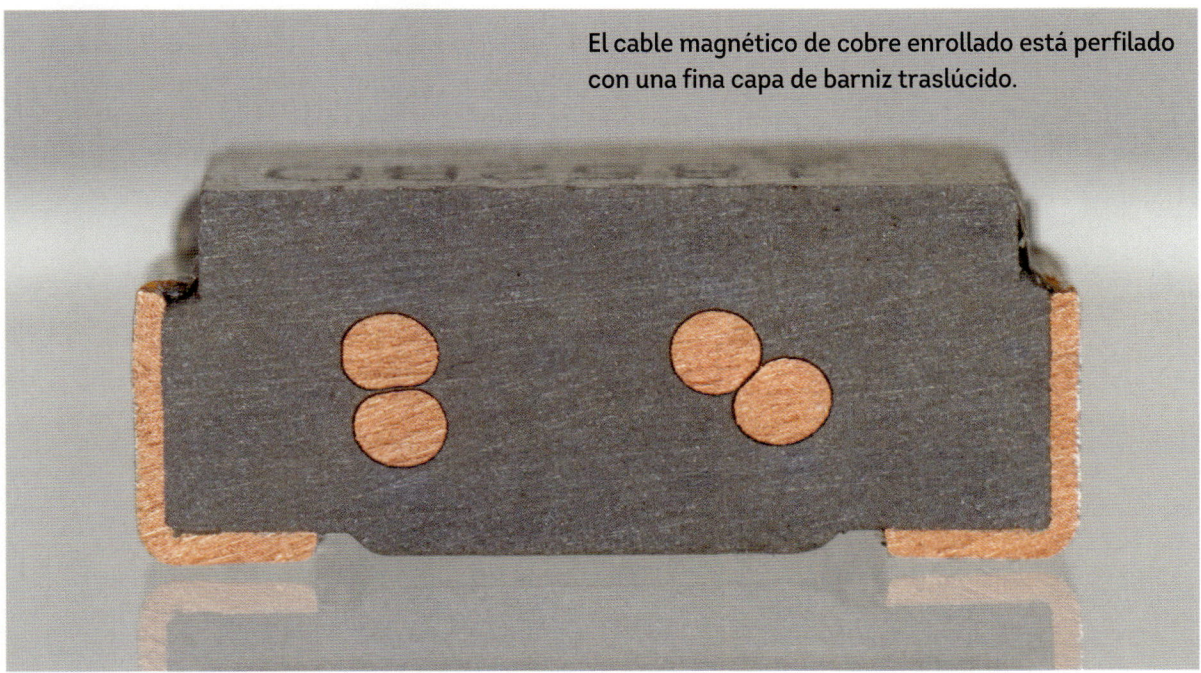

El cable magnético de cobre enrollado está perfilado con una fina capa de barniz traslúcido.

Núcleo de ferrita

A primera vista, este componente no parece un inductor, ni mucho menos. ¿Dónde están los cables enrollados? Pues bien, incluso un fragmento recto de cable por el que circula corriente produce un campo magnético. El **NÚCLEO DE FERRITA** que rodea a este fragmento de cable solo aumenta un poco su inductancia.

Los núcleos de ferrita pueden utilizarse para impedir que las ondas de radio parásitas se escapen de un dispositivo electrónico y causen interferencias en otro. También se utilizan para filtrar las conexiones de alimentación de los chips sensibles o para evitar que los chips con ruido eléctrico interfieran con otros chips en una placa de circuito.

Este componente es sencillo: se trata sencillamente de un núcleo de ferrita atravesado por un cable y unido a este con pegamento.

Condensador de filtro de tres terminales

Este componente de aspecto extraño combina dos inductores con un condensador. Un hilo de cobre atraviesa dos núcleos de ferrita. Entre dichos núcleos, se suelda un lado del condensador cerámico al cable y el otro, al otro cable, formando así el tercer terminal en el dispositivo.

Juntas, estas partes actúan como un filtro que previene que las ondas de radio extraviadas salgan del dispositivo electrónico e interfieran con las señales de wifi o de televisión. Por ello, podemos encontrar estos dispositivos en placas de circuito al lado de conectores que dan al exterior.

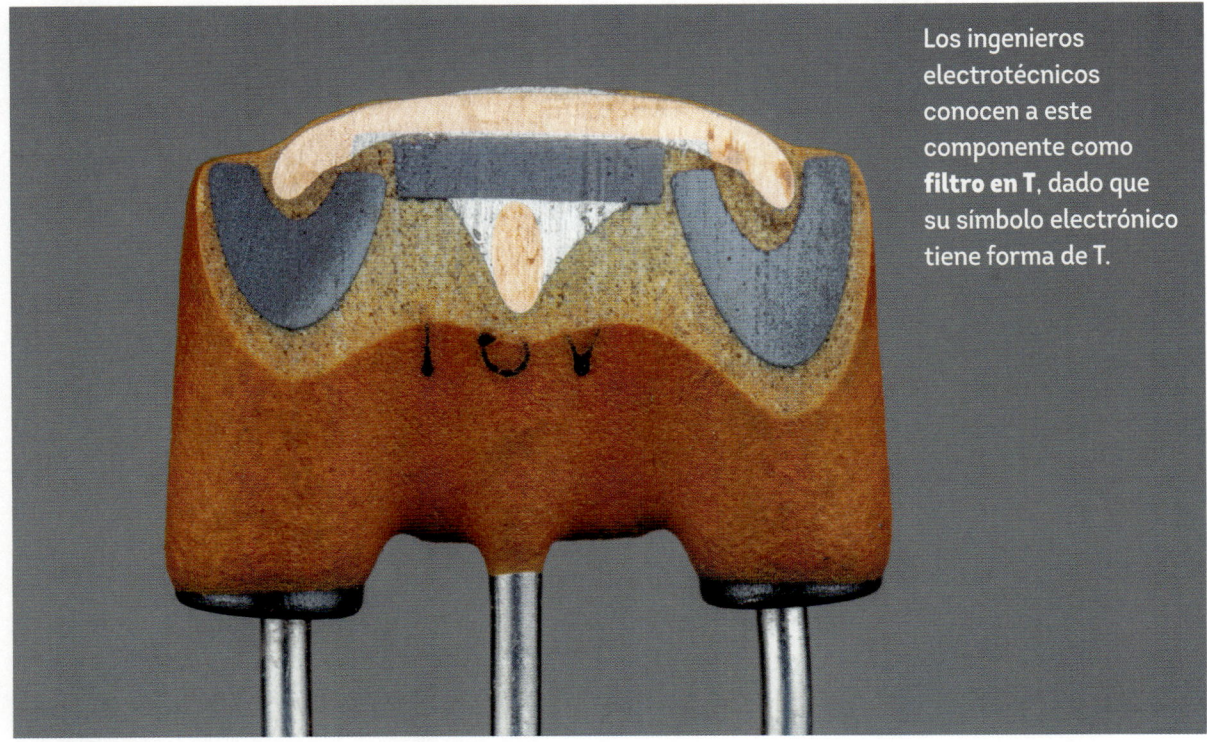

Los ingenieros electrotécnicos conocen a este componente como **filtro en T**, dado que su símbolo electrónico tiene forma de T.

Transformador toroidal

Un **TRANSFORMADOR** es un inductor enrollado con una o más bobinas de cable. Las bobinas de estos transformadores toroidales están enrolladas alrededor de núcleos de ferrita en forma de dónut.

La corriente eléctrica que fluye a través del cable genera un campo magnético. Asimismo, un campo magnético cambiante produce una corriente eléctrica en los cables cercanos. Por ello, cuando se enrollan múltiples bobinas alrededor de un solo núcleo, el cambio de corriente en uno de los cables cambia el campo magnético, creando así una corriente cambiante en el otro cable. Esto proporciona un método de **AISLAMIENTO ELÉCTRICO**, es decir, la transmisión de energía o de señales entre cables, sin necesidad de estar conectados mediante un trazado eléctricamente conductor.

Tener un número diferente de vueltas en los diferentes bobinados puede *transformar* los voltajes de CA de bajo a alto o de alto a bajo. Este tipo de transformador se utiliza a menudo en fuentes de alimentación para aumentar o reducir voltajes.

Este transformador ha sido configurado como un obturador, un tipo especial de transformador diseñado para interceptar señales de radio que se escapan de un dispositivo electrónico.

TRF2000 CCI

Transformador de fuente de alimentación

Este transformador posee múltiples conjuntos de bobinados y se utiliza en fuentes de alimentación, para crear múltiples tensiones de CA de salida a partir de una única entrada de CA, como puede ser una toma de corriente de pared.

Los pequeños alambres más cercanos al centro son vueltas de alambre magnético de «alta impedancia». Estos bobinados transportan una tensión más alta pero una corriente más baja. Están protegidos por varias capas de cinta adhesiva, un blindaje electrostático de lámina de cobre y más cinta adhesiva.

Los bobinados exteriores son de «baja impedancia» y están hechos de un cable aislante más grueso y con menos vueltas. Son capaces de manejar una tensión más baja pero una corriente más alta.

Todos los bobinados se enrollan alrededor de una bobina de plástico negro. Dos piezas de cerámica de ferrita unidas entre sí forman el núcleo magnético en el corazón del transformador.

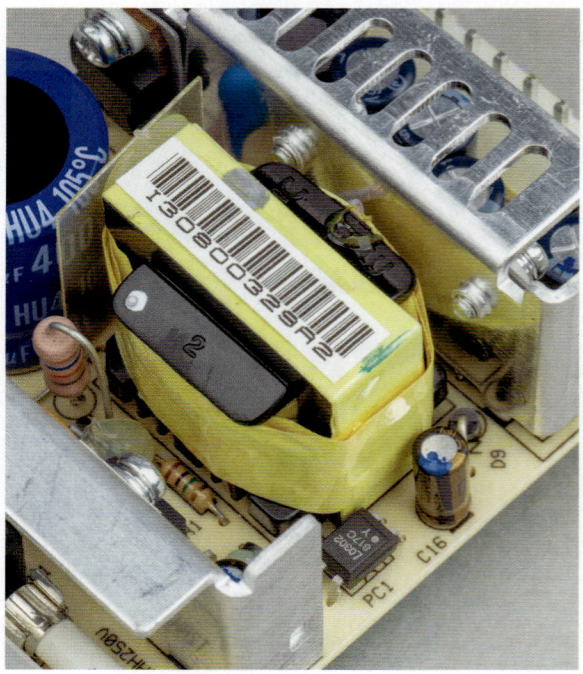

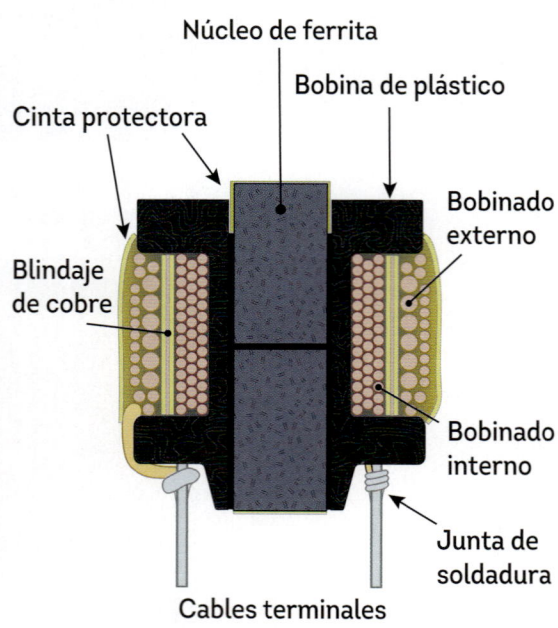

Núcleo de ferrita

Bobina de plástico

Cinta protectora

Bobinado externo

Blindaje de cobre

Bobinado interno

Junta de soldadura

Cables terminales

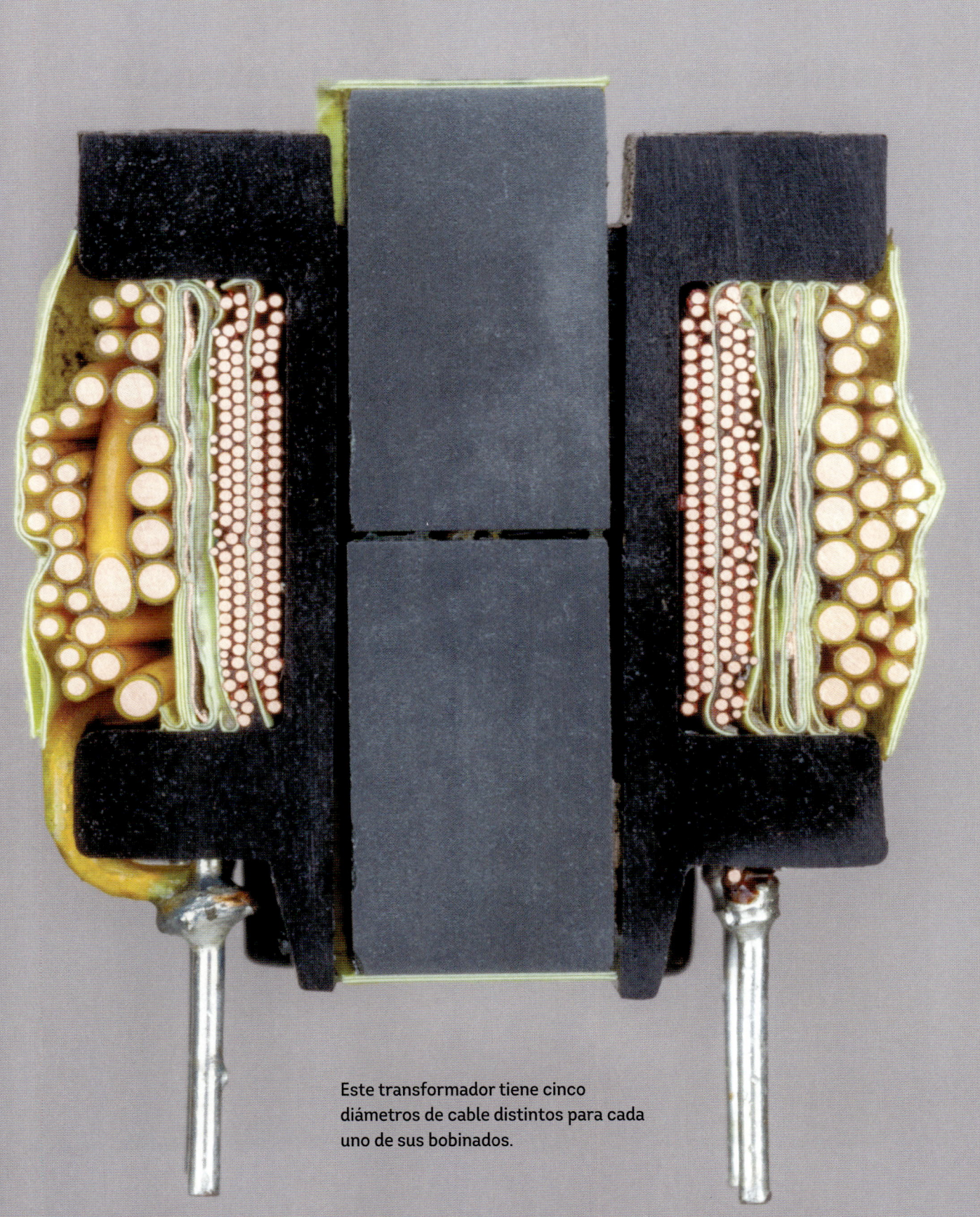

Este transformador tiene cinco diámetros de cable distintos para cada uno de sus bobinados.

Fusibles de cartucho de baja potencia

Los **FUSIBLES** son componentes eléctricos que rompen o «abren» un circuito cuando pasa por ellos una cantidad de corriente eléctrica mayor a la especificada, protegiendo de esta manera otros componentes de posibles daños.

Aquí tenemos unos cuantos fusibles de cartucho de vidrio, cada uno de 6,35 milímetros de diámetro. Los dos de la izquierda son fusibles de **ACCIÓN RÁPIDA**, que van desde los 10 a los 15 amperios, respectivamente. Tienen un cable de metal plano o redondo entre sus dos extremos. Cuando la corriente excede el límite del fusible, el cable se calienta lo suficiente como para derretirse y romper rápidamente el circuito.

Los dos fusibles de la derecha son fusibles de **ACCIÓN LENTA**, o de **RETARDO DE TIEMPO**, ambos clasificados con un valor de 0,25 amperios. Los fusibles de retardo de tiempo resisten picos que sobrepasan su valor límite, por lo que requieren de una corriente constante por encima de ese valor para quemarse. Uno posee un cable fino de cobre enrollado alrededor de un núcleo de fibra de vidrio que tarda un rato en calentarse. El otro consta de una resistencia y un muelle. Si la resistencia se sobrecalienta, derretirá uno de los puntos de soldadura, liberando el muelle y abriendo el circuito.

Los fusibles para corrientes muy bajas pueden tener un hilo fusible mucho más fino, incluso que un cabello humano.

Fusibles de cartucho como estos se pueden encontrar en equipamientos donde el usuario puede reemplazar el fusible. La carcasa de vidrio permite ver fácilmente si un fusible se ha quemado.

Fusible de cable axial

Este componente puede parecerse a un resistor, pero en realidad es un diminuto fusible encapsulado con cables axiales. Bajo el revestimiento exterior de plástico, hay un tubo de cerámica que contiene el cable del fusible. El cable se suelda a los terminales de latón prensados sobre los hilos conductores de cobre.

Este tipo de fusible está diseñado para poder ser soldado sobre una placa de circuito, por lo que generalmente no será el consumidor quien lo sustituya. Se utiliza con frecuencia para proporcionar protección adicional al circuito, en caso de que otro protector falle.

Este fusible consta de un alambre fino ondulado para mantener una forma constante con propiedades térmicas regulares.

Fusible líquido

En tensiones muy elevadas, romper un circuito puede resultar complicado, pues es fácil que se formen amplios arcos eléctricos entre las piezas de metal cuando se separan, manteniendo el flujo de corriente. Con este enorme fusible lleno de líquido, podemos resolver el problema.

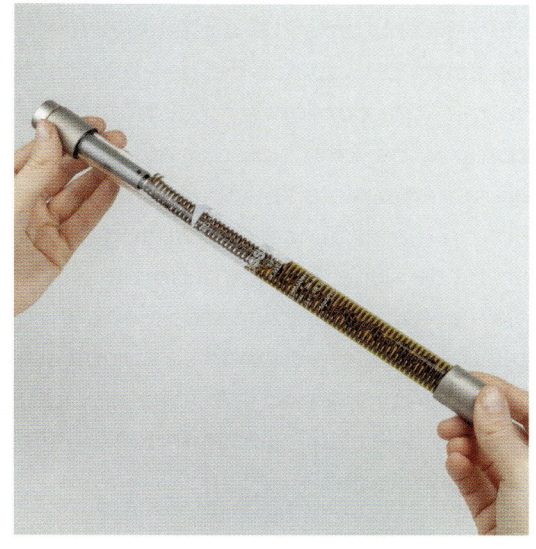

Aunque el fusible solo alcanza un valor de 15 amperios, está diseñado para soportar hasta 23 000 voltios. Cuando el fusible se activa, el largo muelle se retrae bajo la superficie del líquido, desmontando los extremos rotos del fusible. El líquido aísla el extremo del cable y sofoca el arco eléctrico.

El líquido dentro de este antiguo fusible es el tetracloroetileno, un compuesto químico ampliamente usado como líquido de limpieza en seco.

Fusible compacto

Muchos multímetros digitales portátiles están protegidos de los excesos de voltaje y de corriente mediante fusibles compactos. En fusibles como estos, el elemento fusible se encuentra rodeado por un material nada habitual: granos de arena de sílice. El sílice absorbe la energía y sofoca cualquier arco eléctrico que pueda formarse cuando se rompe el fusible, interrumpiendo la corriente y garantizando que el circuito esté totalmente desconectado.

En lugar de un cable, estos fusibles contienen una cinta de metal que les permite soportar corrientes más intensas.
El punto de soldadura en dicha cinta tarda un tiempo en derretirse, por lo que actúa como un elemento sencillo de retardo.
El tubo de fibra de vidrio duro exterior protege el circuito colindante del calor intenso que puede desprenderse cuando el fusible se quema.

Como el líquido en un fusible líquido, la arena dentro de este fusible previene los arcos.

Fusible térmico

Un **FUSIBLE TÉRMICO**, también conocido como **DESCONEXIÓN TÉRMICA**, es similar a un fusible estándar, excepto por el hecho de que abre un circuito eléctrico cuando este excede una temperatura determinada, en lugar de un nivel de corriente. Los fusibles térmicos funcionan como dispositivos de seguridad en electrodomésticos que contienen elementos susceptibles de calentarse, como cafeteras, secadores de pelo, ollas eléctricas y demás. Estos previenen incendios, en caso de que falle alguna parte del circuito.

El fusible térmico genera una conexión eléctrica de un extremo al otro mediante un cursor que contacta con el extremo de la carcasa metálica. El cursor se sujeta mediante dos muelles, que se apoyan en un *pellet* de cera que se funde a una temperatura determinada. Cuando la cera se derrite, los muelles se expanden por ella, rompiendo las conexiones eléctricas de forma irreversible, incluso cuando la cera se enfría y se solidifica de nuevo.

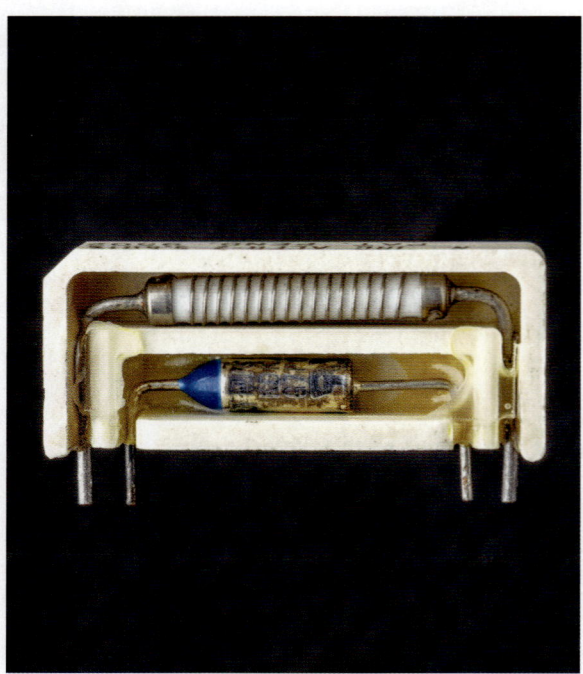

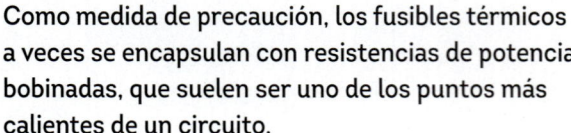

Como medida de precaución, los fusibles térmicos a veces se encapsulan con resistencias de potencia bobinadas, que suelen ser uno de los puntos más calientes de un circuito.

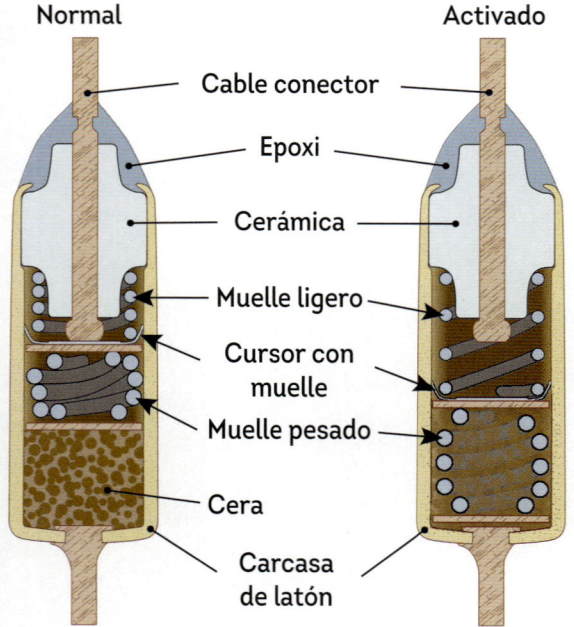

Normal | Activado

- Cable conector
- Epoxi
- Cerámica
- Muelle ligero
- Cursor con muelle
- Muelle pesado
- Cera
- Carcasa de latón

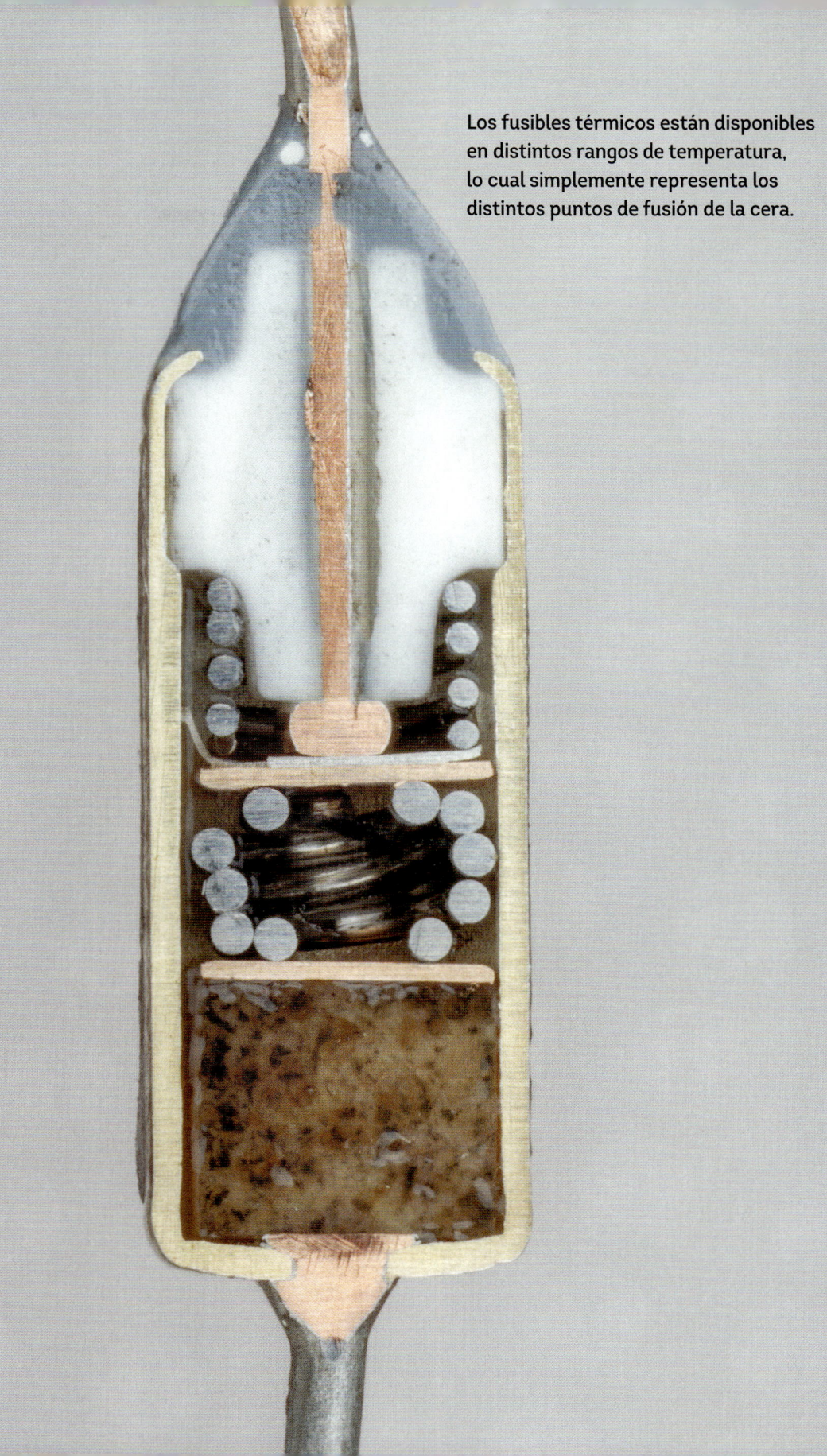

Los fusibles térmicos están disponibles en distintos rangos de temperatura, lo cual simplemente representa los distintos puntos de fusión de la cera.

Semiconductores

Todos los campos de la vida moderna se han visto afectados por el desarrollo de los dispositivos semiconductores. Los diodos emisores de luz (ledes) ahora proporcionan luz en nuestros edificios y dan vida a carteles publicitarios dinámicos. Los chips de ordenador, los sensores de las cámaras y los paneles solares son también semiconductores. Funcionan mediante la explotación de las extrañas e increíbles propiedades eléctricas de materiales cristalinos ultrapuros, como el silicio, una vez han sido intencionadamente «envenenados» con diminutas cantidades de impurezas. Los componentes semiconductores suelen ser, literalmente, la «caja negra» de un circuito. Abramos alguno y veamos lo que hay en su interior.

Diodo 1N4002

Los **DIODOS** son componentes que solo permiten que la corriente fluya en una dirección, como una válvula de retención en fontanería. Se utilizan habitualmente en fuentes de alimentación para transformar la corriente alterna en corriente continua.

El diodo en sí es un diminuto «chip» de silicio, también conocido como **MATRIZ**. El silicio, además de ser ultrapuro, se modifica para tener regiones diferenciadas: una en la que son los electrones los que transportan la corriente eléctrica y otra con **ORIFICIOS**, donde faltan los electrones. La zona de unión entre las dos regiones, el área activa del dispositivo, solo puede conducir corriente en una dirección.

En el caso de los diodos 1N4002, dos grandes cables de cobre estañado se unen al chip de silicio mediante una técnica de soldadura, y el resultado se encapsula en un plástico de epoxi negro. Las «orejas» que sobresalen de los cables de cobre ayudan a retenerlos dentro del epoxi. Las finas capas de soldadura que conectan el silicio a los extremos del cable comienzan como discos delgados que se funden durante el proceso de ensamblaje.

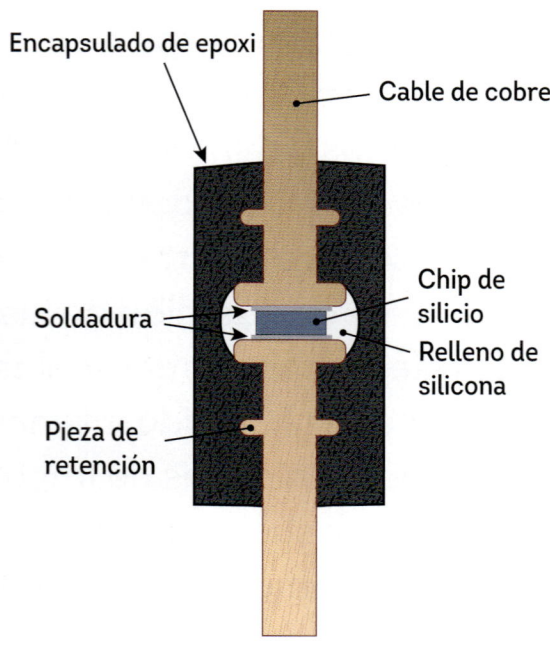

Encapsulado de epoxi

Cable de cobre

Soldadura

Chip de silicio

Relleno de silicona

Pieza de retención

La sustancia blanca que rodea a la matriz es caucho de silicona, muy similar al calafateo doméstico normal. Protege el chip de silicio durante el proceso de montaje.

Diodos encapsulados en vidrio

Los diodos de silicio de baja potencia suelen estar encapsulados en envoltorios tubulares de vidrio y se presentan en muchas variedades. En cada una de estas variedades, la propia pieza de silicio es minúscula y queda emparedada entre dos contactos. Algunos diodos utilizan un clip de resorte metálico para conectar un terminal con el silicio. En otros, los cables conectores están en contacto directo con la matriz..

Generalmente, el envoltorio externo de vidrio se presenta con un cable preinstalado. Antes de añadirlo al componente, la matriz de silicio lleva un punto de soldadura en una de sus caras con un baño galvánico de corriente alterna; así, el propio diodo garantiza que la corriente fluya solo en una dirección, por lo que el punto se forma solo en uno de los lados.

Una vez fijado el chip de silicio al cable preinstalado mediante soldadura o epoxi conductora, puede fijarse el otro cable.

Un diodo 1N740 encapsulado en vidrio sobre una placa de circuito.

En este diodo 1N914, la diminuta matriz cuadrada no está centrada, probablemente debido a un defecto de fabricación.

El vidrio transparente ha sido pintado de negro en la parte exterior de este diodo Zener 1N5236B. Un muelle en forma de S hace contacto con la matriz.

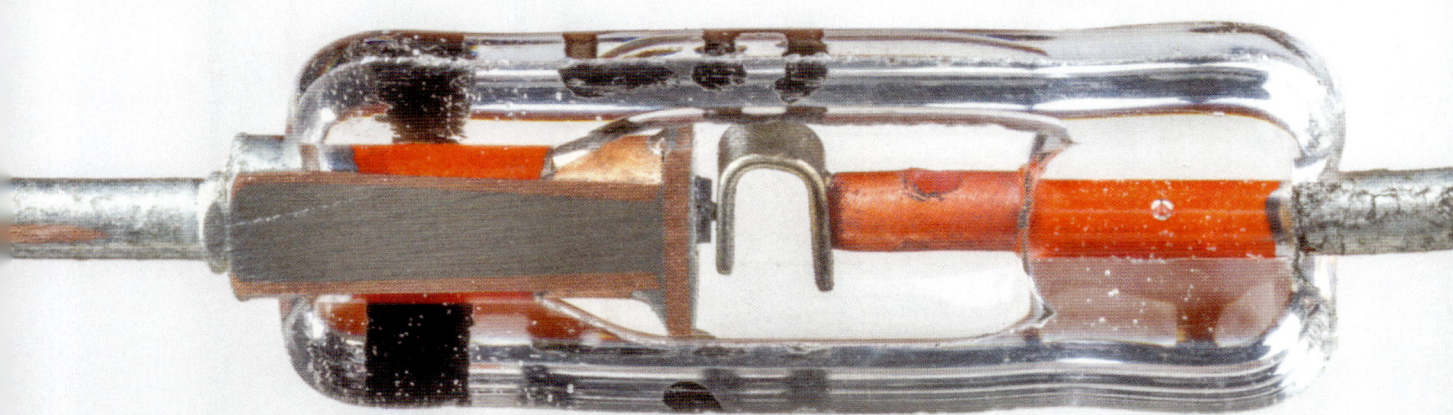

La pequeña protuberancia de soldadura en la matriz de este diodo 1N1100 lo conecta al contacto en forma de C.

Puente rectificador

Por fuera, el **PUENTE RECTIFICADOR** puede parecer un simple disco de hockey, pero, una vez retiramos la funda de plástico aislante, aparece una elegante escultura de circuitos. Estos componentes se encuentran habitualmente en fuentes de alimentación que se conectan a enchufes de pared. Consisten en cuatro diodos de silicio conectados entre sí formando una suerte de «puente», que convierte la corriente alterna (CA) en corriente continua (CC).

Las cuatro matrices de silicio gris brillante se intercalan entre los conjuntos de cables. Dos de ellas están boca arriba y dos, boca abajo, lo que se corresponde con las direcciones en las que la corriente puede fluir en este pequeño circuito.

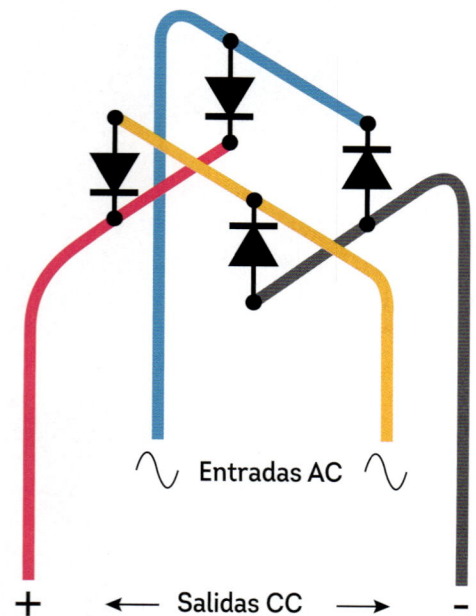

Entradas AC

+ ← Salidas CC → −

Las conexiones de cable son de cobre bañado en plata. Las partes inferiores estaban deslustradas por la exposición al aire; la parte plateada, nítida y limpia, estaba protegida por el encapsulado de plástico.

Transistor 2N2222

El **TRANSISTOR**, uno de los inventos clave del siglo xx, es un dispositivo semiconductor que permite que una señal eléctrica controle a otra. Los transistores se utilizan habitualmente para amplificar señales o como interruptores lógicos.

El transistor 2N2222 que se muestra a continuación es un **TRANSISTOR CLÁSICO DE UNIÓN BIPOLAR (BJT)** en una cápsula metálica TO-18. La parte activa es la brillante y diminuta matriz de silicio. Por peso y volumen, un dispositivo como este es *casi en su totalidad el encapsulado*.

Un BJT tiene tres terminales. Dos de ellos, la base y el emisor, están conectados a la matriz mediante cables de aluminio que van desde los extremos de los conductores aislados hasta la parte superior de la matriz. La tercera conexión se realiza a través de la parte inferior de la matriz hacia un tercer cable, el colector, conectado eléctricamente a la cápsula metálica. Los tres cables se retienen mediante una masilla de fibra de vidrio en la parte inferior del dispositivo.

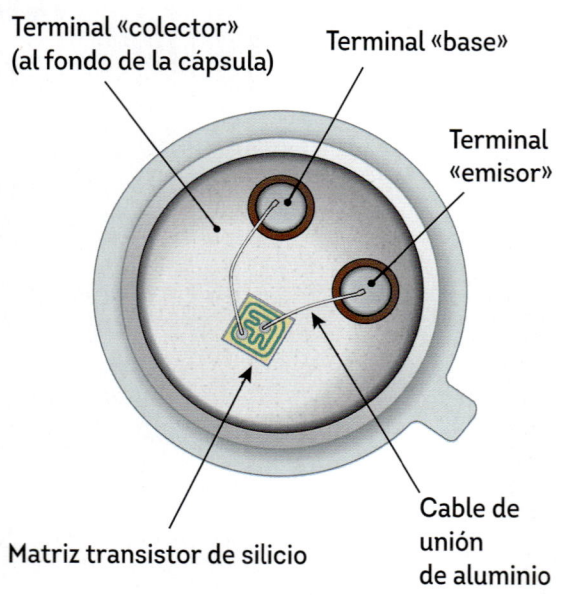

Terminal «colector» (al fondo de la cápsula)

Terminal «base»

Terminal «emisor»

Matriz transistor de silicio

Cable de unión de aluminio

Transistor 2N3904

Este transistor 2N3904 es eléctricamente similar al 2N2222, aunque con un
aspecto muy distinto, debido a que está
encapsulado en una carcasa de plástico
llamada «TO-92», especialmente barata.

La parte activa del transistor es una diminuta matriz reluciente de silicio con tres
terminales, fabricada de manera muy
similar a la del 2N2222. Como ocurre con
otros BJT, el terminal base controla la
corriente que fluye entre el terminal del
colector y el terminal del emisor, como
una pequeña válvula electrónica.

El plástico negro, que constituye la mayor
parte del dispositivo en sí, se produce a
partir de epoxi relleno de sílice. Todos los
materiales, incluyendo el epoxi, se expanden o se contraen con la temperatura.
El sílice cambia el rango de expansión
térmica del epoxi para igualarlo al de la
matriz y los cables que contiene, lo cual
reduce la tensión del dispositivo al llegar
a los límites de su rango de temperatura.

Además de la matriz de silicio, a través de la cápsula de epoxi negra, también se puede ver uno de los dos cables de unión dorados conectados a la parte superior de la matriz.

Regulador de tensión LM309K

El chip de silicio del LM309K es un **CIRCUITO INTEGRADO** (CI) grande pero relativamente sencillo. Este circuito se compone de diversos subcomponentes, como transistores y resistencias, fabricados juntos en una única pieza de silicio.

Este CI es un **REGULADOR DE TENSIÓN**. Toma como entrada una tensión dentro de un rango y proporciona una salida estable a una tensión fija inferior. El gran envoltorio metálico de tipo TO-3 ayuda a disipar el calor producido cuando el regulador funciona. El dispositivo de tres terminales tiene dos pines aislados y un tercer terminal conectado a la carcasa.

Si lo miramos de cerca, podemos ver los circuitos en la superficie de la matriz de silicio. Los dos tercios a la derecha del chip están ocupados por un transistor de gran tamaño que regula la corriente que fluye desde la conexión de entrada a la de salida.

El dispositivo está sellado herméticamente. Dos de los terminales son pines conectados mediante juntas de vidrio a metal.

Los cables de entrada y salida están configurados por dos alambres en paralelo, lo cual duplica su corriente máxima.

Circuitos integrados en empaquetados de doble hilera (DIP)

Los circuitos integrados pueden tener muchos más terminales que los dos o tres que poseen los componentes que hemos visto hasta ahora.

El **EMPAQUETADO DE DOBLE HILERA** (DIP o *dual in-line package*) es un empaquetado clásico para los circuitos integrados con un mayor número de cables de conexión. Dos filas paralelas (de ahí su nombre) de pines terminales se conectan a un **MARCO CONDUCTOR** metálico rígido, que se conecta al chip central mediante unos finísimos cables de unión.

Los DIP cerámicos están formados por dos placas de cerámica a cada lado de una capa de **FRITA** de vidrio, pequeñas perlas de vidrio que se funden para formar una junta hermética alrededor del circuito integrado y sus cables de unión. Mientras tanto, los DIP de plástico son moldeados, generalmente con plástico negro, directamente sobre el CI, los cables de unión y el marco conductor. El DIP de plástico transparente nos permite echar un vistazo dentro de la intrincada forma del marco conductor, lo cual revela cómo está fijado al CI con cables de unión.

La luz que incide sobre la frita de vidrio crea un efecto brillante de colores en este DIP cerámico clásico, un chip lógico marca Motorola de 1985.

Cada uno de los pines activos en el encapsulado se empareja, como mínimo, con un cable de unión que lo conecta con el CI interior.

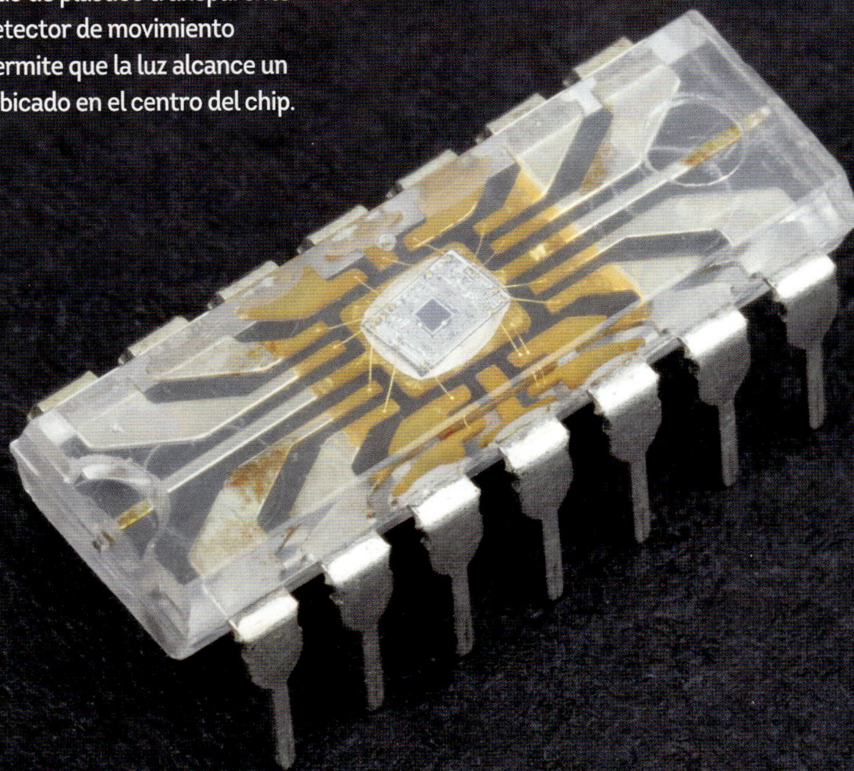

El encapsulado de plástico transparente en este CI detector de movimiento ULN2232A permite que la luz alcance un fotosensor ubicado en el centro del chip.

Microcontrolador ATmega328

Un **MICROCONTROLADOR** es un ordenador simple y lento de un chip. Es el cerebro electrónico de muchos dispositivos: electrodomésticos, juguetes e, incluso, linternas y radios.

El controlador ATmega328 es particularmente popular entre los aficionados a la electrónica y está disponible en varios encapsulados, incluyendo el DIP de plástico de 28 pines que mostramos aquí. Dado que es un microcontrolador de 8 bits, su potencia de procesamiento está al mismo nivel que el de ordenadores domésticos de primera generación como el Apple II.

Una parte del plástico negro de este dispositivo fue eliminado, con mucho cuidado, con ácido nítrico concentrado («humeante»), dejando al descubierto la matriz de silicio en su interior. Los transistores individuales de un chip como este (como mínimo, cientos de miles) no se pueden ver a este nivel de ampliación. El hueco revela que el plástico está repleto de sílice, igual que el 2N3904 de la página 72.

Este microcontrolador es el componente central de la placa de programación Arduino Uno.

La matriz de silicio es bastante pequeña,
en comparación con el encapsulado.

Circuito integrado de contorno pequeño

Algunos dispositivos electrónicos siguen siendo fabricados en empaquetados de doble hilera, pero los encapsulados de montaje superficial más pequeños y eficientes, como el **CIRCUITO INTEGRADO DE CONTORNO PEQUEÑO (SOIC)** que mostramos aquí, son actualmente mucho más frecuentes. Los cables del SOIC están más juntos, separados solo por 1,27 milímetros, en vez de los 2,54 milímetros empleados en los DIP.

La diferencia de tamaño es tan notable que los chips de silicio dentro de un empaquetado SOIC pueden parecer enormes, aunque en realidad son de aproximadamente el mismo tamaño que los de los dispositivos DIP.

Uno de estos SOIC, un sensor de color, viene en un encapsulado transparente que nos permite ver exactamente cómo se conectan los cables de unión entre la matriz y los conectores.

Un chip EEPROM, de la serie 24LC64, almacena una pequeña cantidad de datos, equivalente a unos 80 mensajes de texto, en una memoria no volátil.

La matriz de silicio está situada sobre un marco conductor de cobre en el centro del SOIC. Diminutos cables de unión lo conectan a los distintos conectores, aunque en esta sección transversal solo podemos ver uno de ellos.

Filtros transparentes, rojos, verdes y azules ayudan a este sensor de color a percibir las mismas longitudes de onda de luz que nuestros propios ojos.

Paquete plano cuádruple delgado

El **PAQUETE PLANO CUÁDRUPLE DELGADO** (TQFP o *thin quad flat pack*), un tipo distinto de chip de montaje superficial, posee conexiones en los cuatro lados, en vez de en dos, como un SOIC. Los TQFP son bastante finos, pero pronto veremos algunos chips que lo son incluso más.

Hemos extraído el material situado debajo del TQFP para poder ver que la matriz del CI ocupa el centro del encapsulado. Los cables de unión no se ven,

dado que están en el lado opuesto, pero podemos apreciar formas interesantes en el marco conductor de cobre: los perfiles están cuidadosamente diseñados para que el epoxi retenga las conexiones en su sitio y evite que se desprendan.

El TQFP transparente (el sensor de imagen en forma de joya de un ratón óptico) permite ver la ubicación y la disposición de la matriz de silicio, el marco conductor y el cable de unión.

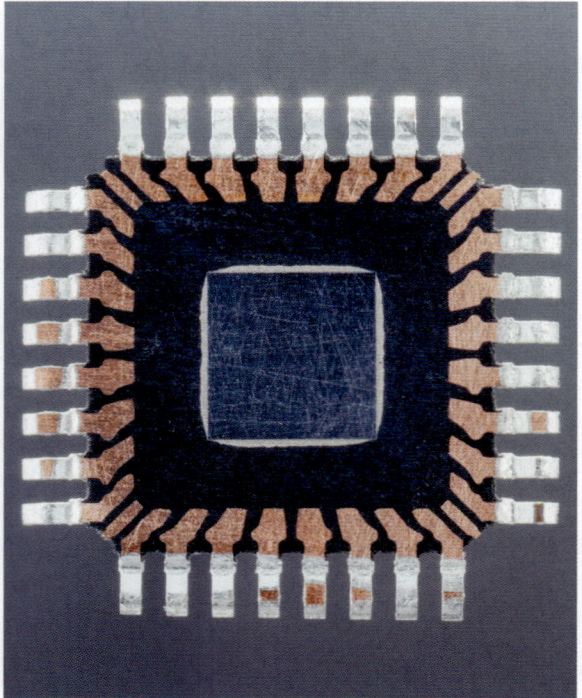

El sensor ST VV5353 de un ratón óptico inalámbrico Notebook 3000 de Microsoft.

Matriz de rejilla de bolas

Para ahorrar espacio, muchos chips modernos poseen conexiones a la placa de circuito mediante una matriz de diminutas bolas de soldadura en la parte inferior del componente, en vez de mediante pines o terminales en los laterales. Estos encapsulados de **MATRICES DE REJILLA DE BOLAS** (BGA o *ball grid array*) están presentes en los *smartphones* modernos, ordenadores portátiles y otros dispositivos electrónicos complejos y modernos.

Las bolas de soldadura se asientan sobre una fina placa de circuito impreso de dos capas denominada **CAPA DE REDISTRIBUCIÓN** (RDL) incrustada en el encapsulado del chip. Unas finas pistas de cobre y

unas VÍAS en forma de «I» conectan las bolas de soldadura de la parte inferior del RDL con los cables de unión de la parte superior, que realizan la conexión final con el chip de silicio.

Durante el montaje, estas bolas de soldadura se funden, conectando directamente los componentes a la placa en diversos puntos (a veces, miles).

Microprocesador SoC

Un **SISTEMA EN CHIP** (SoC o *system on a chip*) es un microprocesador de última generación, donde se integran un procesador y la mayor parte de la funcionalidad adicional, como el soporte gráfico que, de otra manera, necesitaría de otros chips aparte en una placa base. En un *smartphone* típico, se utiliza un SoC personalizado como procesador principal, el cual se configura con unas características determinadas necesarias para ese teléfono en concreto.

El SoC que se muestra aquí está encapsulado en una matriz de rejilla de bolas para ser montado en una placa de circuito. En su interior, el chip del CI está montado en la capa de redistribución mediante unas minúsculas bolas de soldadura aplicadas sobre el propio chip.

El uso de bolas de soldadura, en vez de cables de unión, facilita el aumento del número de conexiones, pero se necesita una capa de redistribución de alta densidad para distribuir las conexiones a una BGA más grande. Este RDL tiene 10 capas de cobre con pasajes perforados con láser, llamados **MICROVÍAS**, que las conectan.

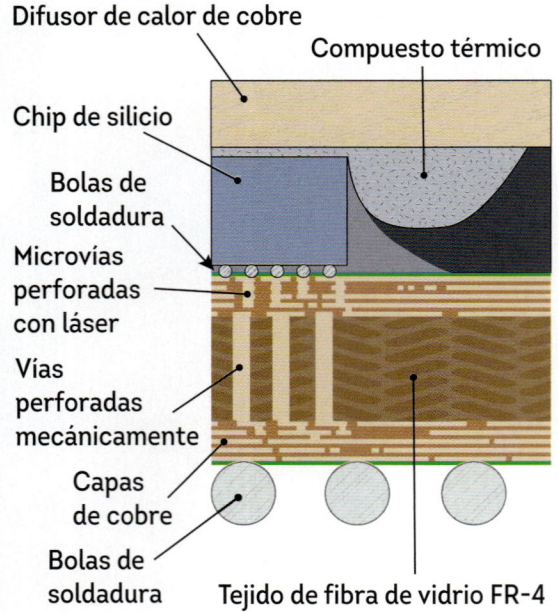

Difusor de calor de cobre

Compuesto térmico

Chip de silicio

Bolas de soldadura

Microvías perforadas con láser

Vías perforadas mecánicamente

Capas de cobre

Bolas de soldadura

Tejido de fibra de vidrio FR-4

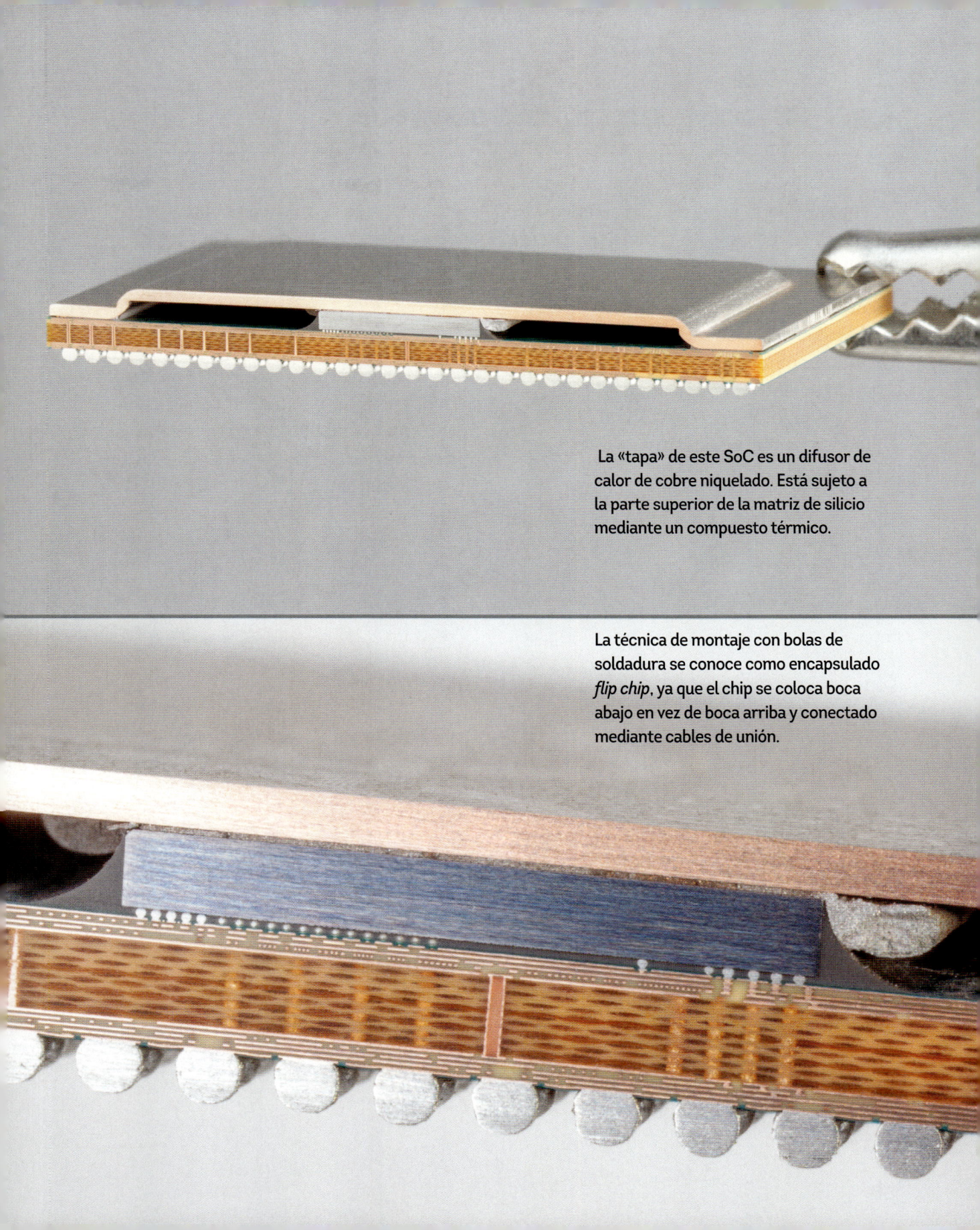

La «tapa» de este SoC es un difusor de calor de cobre niquelado. Está sujeto a la parte superior de la matriz de silicio mediante un compuesto térmico.

La técnica de montaje con bolas de soldadura se conoce como encapsulado *flip chip*, ya que el chip se coloca boca abajo en vez de boca arriba y conectado mediante cables de unión.

Led rojo de orificio pasante

El diseño de los **DIODOS EMISORES DE LUZ**, o **LEDES**, tan encantadores como engañosamente sencillos, está repleto de sutiles detalles.

En un led, la matriz semiconductora no es de silicio, sino un semiconductor adaptado que emite el color de luz deseado cuando se activa; por ejemplo, el arseniuro de galio-aluminio (AlGaAs) suele utilizarse para conseguir luces led rojas como estas.

La peculiar forma de los cables de unión metálicos y las finas líneas impresas en ellos ayudan a mantener los cables en su sitio, asegurándolos en el compuesto de epoxi y permitiendo que se doblen sin dañar la frágil matriz del led. El cable catódico más grande se adapta a un recipiente reflector debajo de la matriz para dirigir la luz hacia delante. Un cable fino como un cabello conecta el cable del ánodo más pequeño a la superficie superior de la matriz.

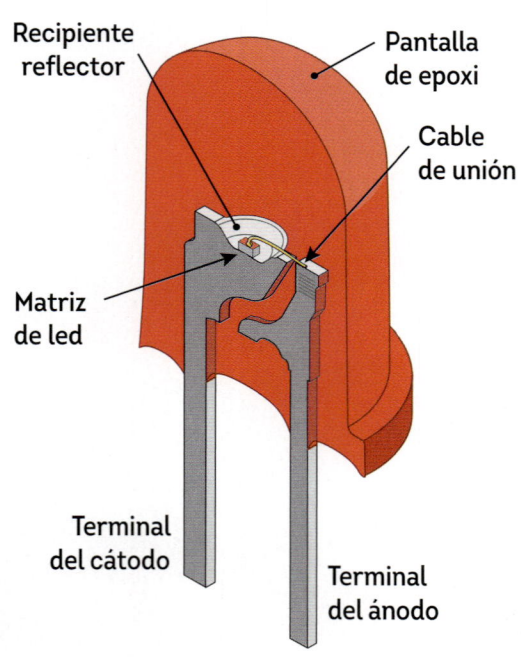

Recipiente reflector

Pantalla de epoxi

Cable de unión

Matriz de led

Terminal del cátodo

Terminal del ánodo

Los ledes son dispositivos planos. Esto implica que solo la superficie superior del semiconductor emite luz. Las matrices han sido cortadas en cubos para facilitar su manipulación.

Led de montaje superficial

Los **LEDES DE MONTAJE SUPERFICIAL** son similares a los de orificio pasante, excepto por su encapsulado. En lugar de utilizar cables, el led de montaje superficial se coloca sobre una fina placa de circuito con terminales chapados que pueden soldarse a una placa más grande. Una pantalla de plástico transparente se moldea directamente sobre la fina placa de circuito, encapsulando y protegiendo la matriz del led y su cable de unión.

La configuración del semiconductor de los ledes que se muestran en la imagen hace que se iluminen en verde, en vez de rojo.

Esta imagen está compuesta de distintas fotos con distintos tiempos de exposición, para poder mostrar detalles adicionales.

LED bicolor rojo y verde

Este **LED BICOLOR** consta de dos cables y dos matrices de led diferentes en su interior, conectados en paralelo con cables de unión. Un led rojo y verde emite una luz del primer color cuando la corriente pasa a través de él en una sola dirección. Si revertimos el voltaje para que la corriente fluya en la otra dirección, la luz será verde. Con un cuidadoso diseño de circuito (cambiando el tiempo relativo durante el que la corriente fluye en cada dirección), el led puede emitir una luz roja, verde, amarilla o de cualquier color intermedio.

Este tipo de ledes se suelen utilizar como intermitentes en «paneles frontales». Se utilizaron ampliamente en las primeras pantallas led rojas/verdes de los paneles informativos y en las señales de las gasolineras.

Led blanco

El dispositivo que nosotros denominamos **LED BLANCO** es una quimera pues, por una parte, es un led y, por otra, química inteligente. El problema es que la verdadera luz blanca contiene todos los colores del arco iris, pero un led solo puede emitir un color de luz, determinado por las características del semiconductor. Como solución, podemos engañar al ojo humano para hacerle ver blanco mediante la mezcla de luces rojas, verdes y azules.

La matriz del led blanco está ubicada en la parte inferior de un recipiente reflector y, en realidad, emite luz azul. El recipiente reflector contiene un compuesto químico denominado **FÓSFORO**, el cual absorbe la luz azul y emite un amplio espectro de colores que tiende hacia el rojo. La luz del fósforo se combina con la luz azul del led para generar la luz blanca brillante que nosotros percibimos.

Esta imagen, compuesta de varias fotos con distintos niveles de exposición, revela un brillo azul difícil de capturar alrededor de la matriz del led.

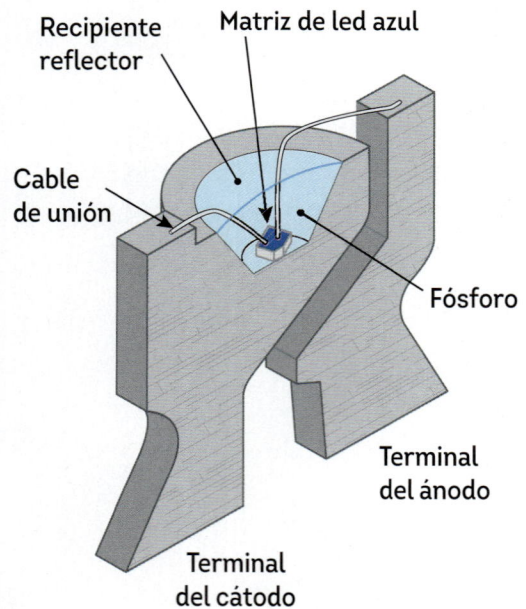

Recipiente reflector

Matriz de led azul

Cable de unión

Fósforo

Terminal del ánodo

Terminal del cátodo

Aunque no hay nada en el exterior
que lo sugiera, toda luz de led blanca
contiene un led azul en su interior.

Diodo láser

Las impresoras láser reciben su nombre de los láseres que utilizan para formar la imagen que va a ser impresa en una página. Los **DIODOS LÁSER** de la foto de abajo pertenecen a una impresora láser de escritorio moderna.

Cada diodo láser está alojado en un encapsulado metálico equipado con una ventana de vidrio recubierta con una capa antirreflejante, un disipador de calor y un detector de luz sensible conocido como **FOTODIODO**, con el cual se mide la cantidad de salida del láser.

El elemento láser es la pequeña matriz con una cara roja ubicada sobre la matriz más grande de un fotodiodo de silicio. Cada matriz está conectada a un terminal mediante un cable. Un tercer terminal «estándar» se conecta a través de la carcasa metálica.

Cuando está activa, la matriz láser emite un haz horizontal, en lugar de vertical, como un led. Este tipo de láser emite en el infrarrojo cercano, más allá del rojo más rojizo que puede ver el ojo humano.

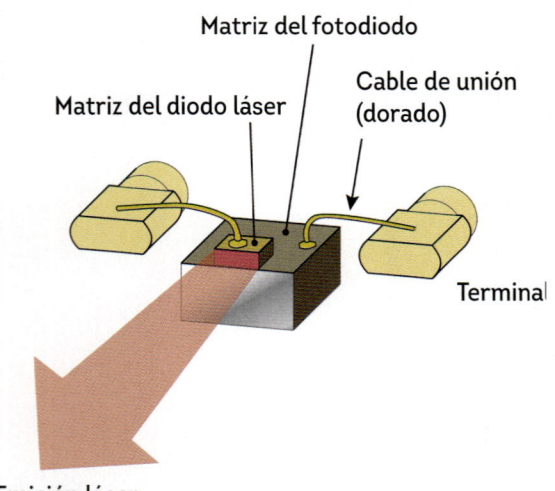

Matriz del fotodiodo

Cable de unión (dorado)

Matriz del diodo láser

Terminal

Emisión láser

El diodo láser no solo emite luz desde la parte frontal, sino también desde la trasera. La superficie angular en la parte trasera del encapsulado reduce la cantidad de reflejos directos no deseados.

Optoacoplador

Un **OPTOACOPLADOR** convierte la señal eléctrica en luz y viceversa. Proporciona aislamiento eléctrico de un modo similar a los transformadores, pero utilizando luz en vez de un campo magnético.

Este dispositivo cuenta con un led, que convierte una señal eléctrica en luz, montado boca abajo en la parte superior de un **FOTOTRANSISTOR**, un sensor de luz que convierte el retorno luminoso del led en una señal eléctrica. La matriz del led está protegida por una tira de silicona transparente. El dispositivo está moldeado con un plástico traslúcido que permite que la luz pase a través del componente,

y con un plástico negro sobre este, para evitar que la luz exterior produzca interferencias.

La luz procedente del led durante años ha convertido en amarillo el plástico traslúcido de este optoacoplador DIP de cuatro pines.

Sensor óptico de inclinación

Los **SENSORES ÓPTICOS DE INCLINACIÓN** fueron utilizados en las primeras cámaras digitales para determinar la orientación de la cámara al tomar una foto. Contienen un led infrarrojo orientado hacia dos fototransistores.

Entre el led y los sensores, hay una pequeña bola metálica que rueda libremente. Cuando está en posición vertical, se puede apreciar claramente el trazado sobre la bola que va desde el led hasta ambos sensores. Cuando el dispositivo se inclina a derecha o izquierda, la bola gira, lo que evita que la luz alcance uno de los fototransistores.

El led, de un epoxi rosa transparente, emite luz hacia una matriz con dos fototransistores, encapsulados en plástico negro transparente para infrarrojos.

Codificadores ópticos

En los ratones de ordenador modernos, un sensor óptico de baja resolución (como el que hemos visto en la página 83 en un encapsulado cuadrado plano) detecta el cambio de posición del ratón cuando lo movemos. En los ratones de bola antiguos, son dos CODIFICADORES ÓPTICOS los que perciben el movimiento de una bola real que rueda cuando se mueve el ratón.

Los codificadores ópticos funcionan como una versión avanzada del sensor óptico de inclinación. Un led infrarrojo emite luz a través de una RUEDA CODIFICADORA; una rueda con cortes que, de forma alternativa, bloquea o deja pasar la luz. Al otro lado de la rueda, hay dos fototransistores que detectan la luz durante la rotación. Los circuitos del ratón descodifican las señales de salida de los fototransistores para calcular la distancia y la dirección en las que debe moverse el cursor en pantalla.

En la actualidad, los ratones de bola están obsoletos, pero, en los ratones con ruedas de desplazamiento, todavía se utilizan codificadores ópticos para detectar la rotación de la rueda.

Este ratón de bola de los años noventa posee tres codificadores ópticos: dos para el movimiento horizontal y vertical de la bola y uno para la rotación de la rueda de desplazamiento.

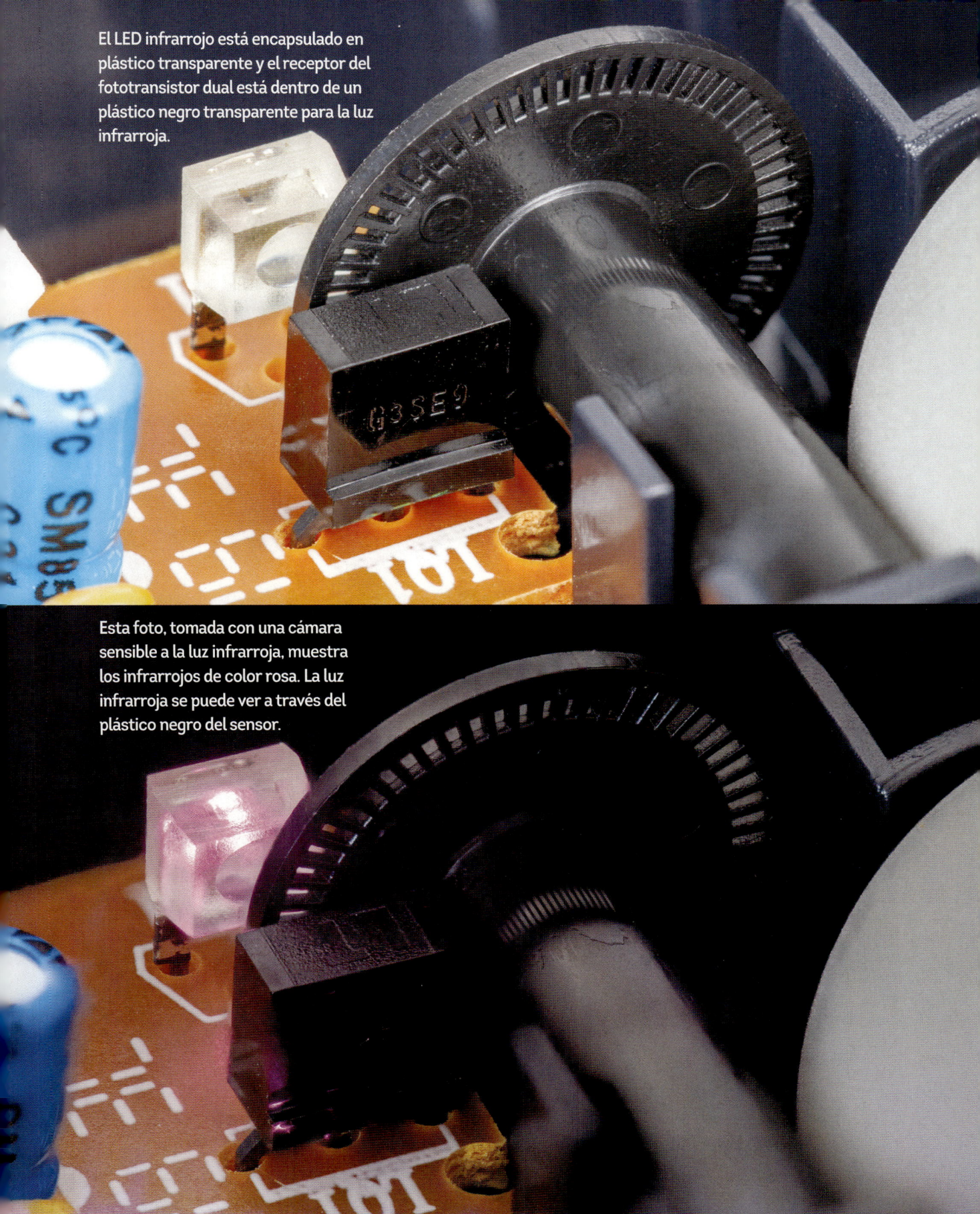

El LED infrarrojo está encapsulado en plástico transparente y el receptor del fototransistor dual está dentro de un plástico negro transparente para la luz infrarroja.

Esta foto, tomada con una cámara sensible a la luz infrarroja, muestra los infrarrojos de color rosa. La luz infrarroja se puede ver a través del plástico negro del sensor.

Sensor de luz ambiental

Entre la cámara y el *flash* led de un *smartphone* hay un diminuto SENSOR DE LUZ AMBIENTAL de solo 1 milímetro de ancho. Con dicho sensor, se mide la cantidad y el tipo de luz, de manera que el teléfono puede captar y compensar la temperatura de color de una fotografía. El sensor permite también que el teléfono ajuste el color y el brillo de la pantalla, según lo que haya alrededor.

El dispositivo posee una interfaz de seis pines, con una minúscula matriz de rejilla de bolas de 2 × 3. El encapsulado transparente permite ver que la matriz tiene casi el mismo tamaño que el dispositivo en sí. La parte del sensor de la matriz presenta 25 cuadrados con diferentes filtros ópticos para la sensibilidad a distintos colores (rojo, verde y azul), así como el infrarrojo invisible y la luz ultravioleta.

El sensor de luz ambiental ST VD6281 parece ínfimo, en comparación con la ya pequeña cámara de un teléfono móvil.

El sensor se asienta sobre una placa de circuitos que lo eleva a la misma altura que el *flash* de la parte trasera del teléfono, proporcionando al sensor el mayor campo de visión posible.

Sensor de imagen CMOS

Todos los dispositivos semiconductores son inherentemente sensibles a la luz. Si disponemos de una matriz y la colocamos en cualquier chip, obtendremos un SENSOR DE IMÁGENES que puede convertir una imagen bidimensional en una señal eléctrica. Un chip de este tipo representa el núcleo de una cámara digital.

El sensor de imagen que se muestra aquí ve en blanco y negro, pero se aplica un filtro óptico con un patrón de damero rojo, verde y azul a la matriz de detección de imágenes, que le permite percibir el color.

Unos complejos circuitos visibles en la parte superior de la matriz generan las señales de control que accionan el conjunto, amplifican las pequeñas señales del sensor de imagen y las convierten en datos digitales que se pueden procesar, almacenar y cargar en las cuentas de las redes sociales.

La designación CMOS (semiconductor complementario de óxido metálico) hace referencia al proceso de fabricación específico empleado para fabricar el dispositivo.

Este sensor de imagen fue diseñado por una compañía llamada VLSI Vision Ltd. y data aproximadamente de 1996. Su encapsulado de cerámica posee una cobertura de cristal transparente.

3

Electromecánica

La mayoría de los dispositivos que hemos visto hasta ahora no tienen partes móviles, pero muchos componentes importantes están a caballo entre la electrónica y la mecánica. Puede parecer que los interruptores, motores, altavoces, relés, discos duros y cámaras de *smartphone* no tienen ninguna relación entre sí, pero hay un hilo (o cable) conductor que los une.

Interruptor de palanca

Con solo mover un dedo, un **INTERRUP-TOR DE PALANCA** se mueve hacia delante y hacia atrás entre dos posiciones.

Por dentro, el mecanismo es sorprendentemente sencillo. Una barra metálica oscila entre dos posiciones, conectando un conductor central común con uno de los dos contactos internos. La corriente eléctrica se dirige a una de las dos vías posibles.

El dedo de plástico que presiona la barra metálica tiene un resorte para que encaje en cualquier posición y proporcione una presión constante entre la barra y el contacto. Al ser de plástico, mantiene la palanca aislada eléctricamente de cualquier voltaje que pueda haber en los terminales.

Otros interruptores de palanca de este tipo pueden incluir una posición de «apagado» en un punto central, así como **POLOS** adicionales, es decir, conjuntos independientes de contactos que se activan en paralelo mediante la misma palanca.

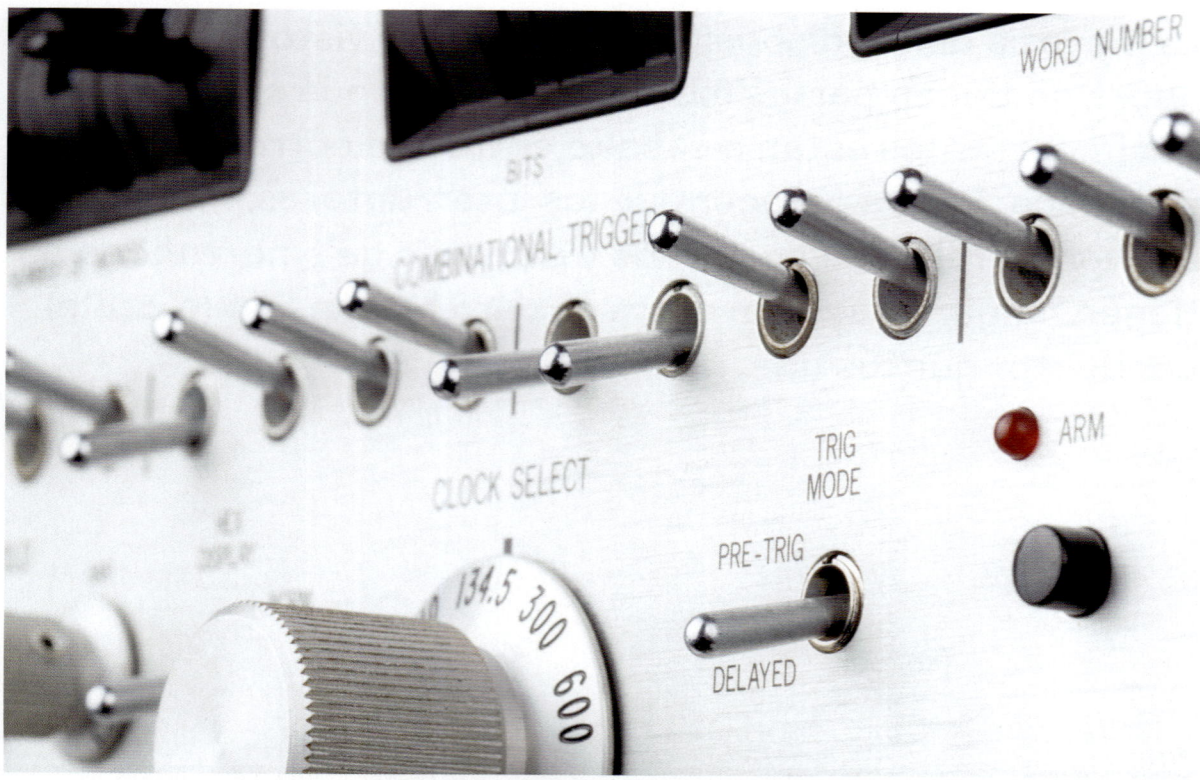

La sección superior del interruptor está roscada, para que se pueda montar en un panel. El pin que atraviesa la sección roscada es el punto de pivote de la palanca.

Interruptor deslizante

El **INTERRUPTOR DESLIZANTE** de dos posiciones que se muestra aquí tiene unas pequeñas estrías en la palanca, lo que facilita su agarre con la punta del dedo y su movimiento de una posición a otra.

En su interior, la palanca desliza una placa de contacto metálica hacia delante y hacia atrás, completando un circuito entre el terminal central y uno de los dos terminales exteriores. Los interruptores deslizantes más grandes y complejos pueden agregar terminales y posiciones adicionales para la palanca deslizante.

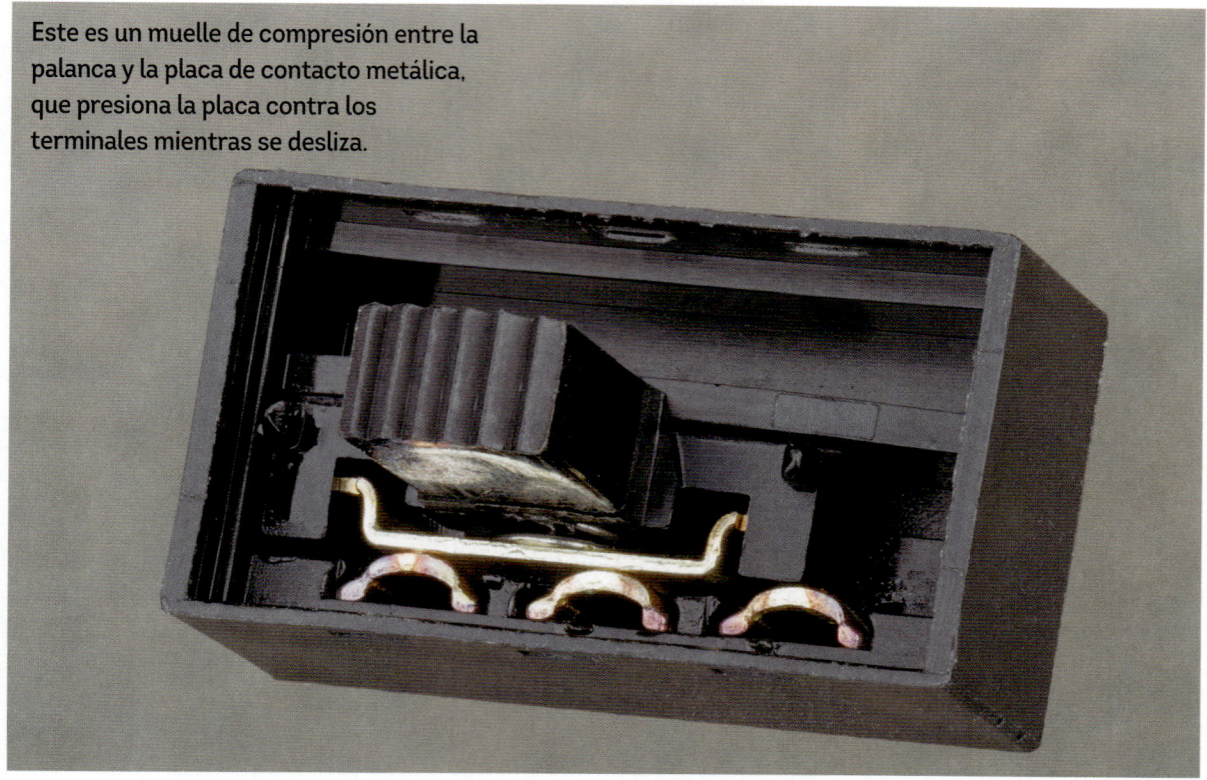

Este es un muelle de compresión entre la palanca y la placa de contacto metálica, que presiona la placa contra los terminales mientras se desliza.

Interruptor pulsador

Este **INTERRUPTOR PULSADOR** suele encontrarse en los paneles frontales de proyectos de electrónica para aficionados, aunque no se suele utilizar en productos comerciales. Aun así, su principio básico de funcionamiento se aplica a otros interruptores más comunes de este tipo.

Al pulsar el botón con muelle, se mueve una arandela de metal contra dos contactos, conectándolos y completando el circuito. Al soltarlo, el muelle empuja la arandela hacia arriba y rompe el circuito. Se dice que es un interruptor «normalmente abierto», ya que presenta un circuito abierto, a menos que se pulse el botón.

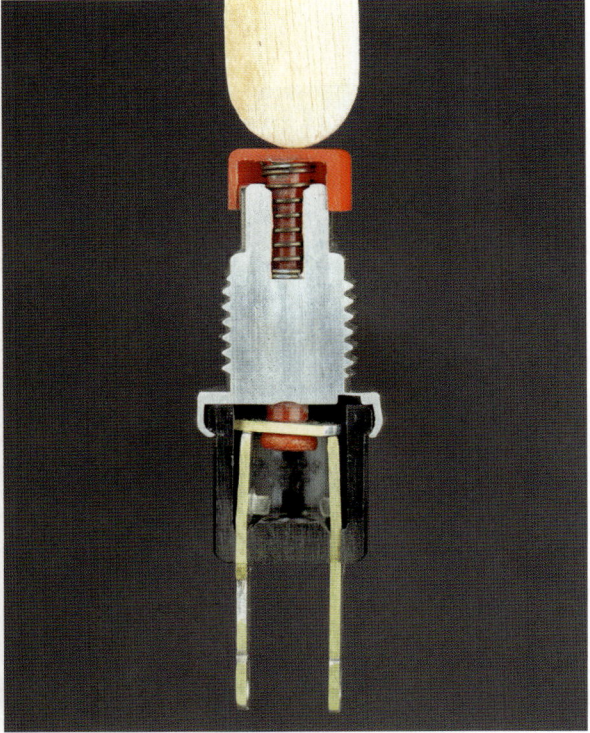

Interruptor DIP

Puede ser que ya haya visto o incluso montado un **INTERRUPTOR DIP** en alguna ocasión. Es habitual encontrar este tipo de interruptores en sistemas de alarma de hogar, equipamiento industrial, calefacciones domésticas y algunos ordenadores antiguos. Se llaman así por la familiar disposición en línea de sus dos filas de terminales. Cada par de terminales posee su propio interruptor.

Existen varios estilos diferentes de interruptores DIP, basados en interruptores deslizantes miniaturizados o en diversos mecanismos de interruptores basculantes o de tipo palanca. En el que mostramos aquí, se utiliza un simple mecanismo basculante.

Dentro de cada elemento del interruptor, hay un balancín de plástico blanco, una bola de metal con muelle y dos contactos. Cuando el balancín cambia de posición, provoca el movimiento de la bola de tal forma que, o bien se inclina, o bien conecta los dos contactos.

Los interruptores DIP establecen la configuración de un Apple Super Serial Card II dentro de un ordenador Apple IIe.

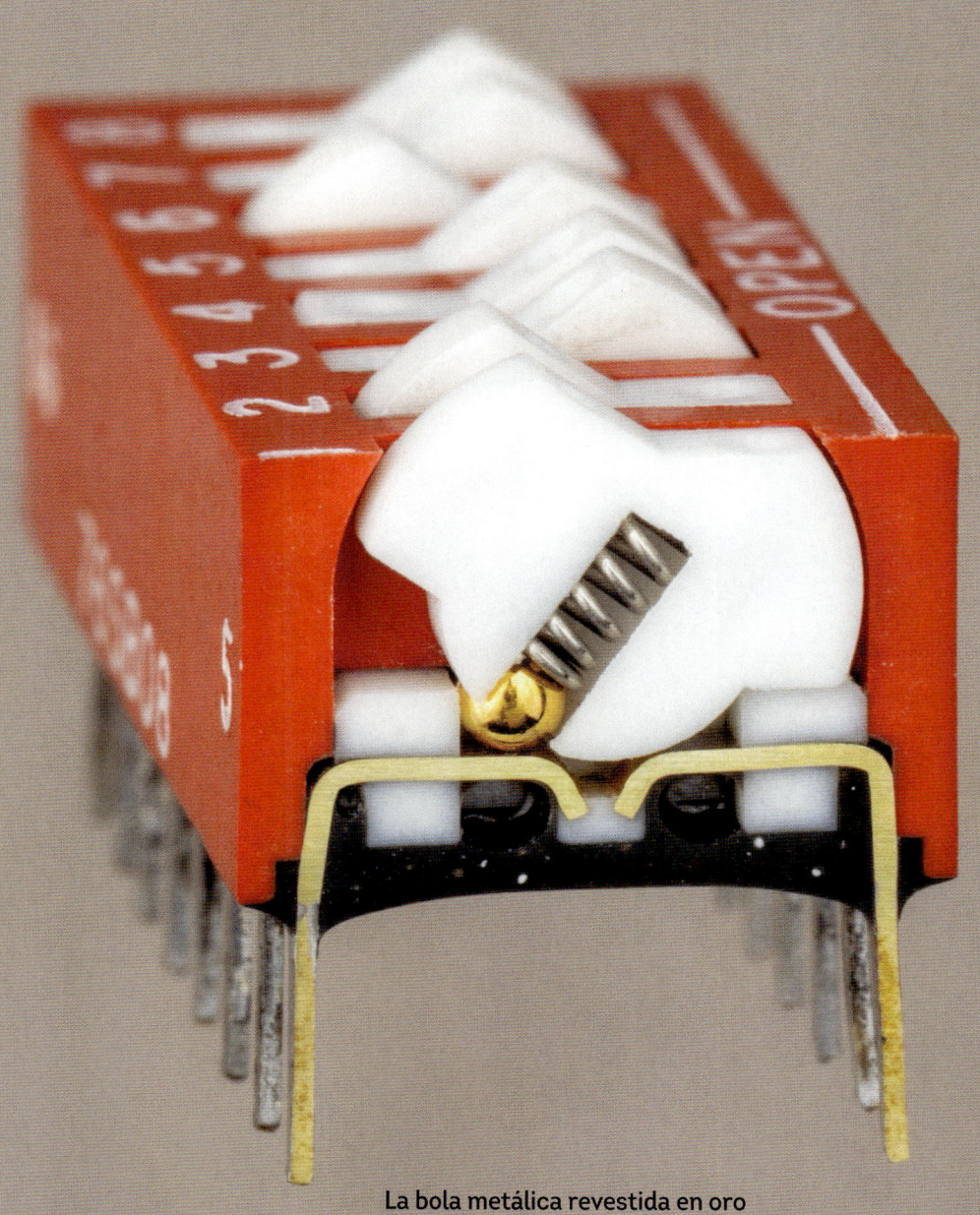

La bola metálica revestida en oro tiene poco menos de 1,5 milímetros de diámetro. Un DIP de ocho posiciones contiene ocho bolas que se mantienen en su sitio gracias a ocho muelles.

Interruptor táctil

Los **INTERRUPTORES TÁCTILES** se presentan en muchos tamaños y se utilizan ampliamente como botones de respuesta en dispositivos electrónicos y electrodomésticos. A menudo, están ocultos detrás de botones personalizados más grandes, como el botón de expulsión de una unidad de disco óptico o los botones del panel frontal de un sistema de entretenimiento doméstico.

Al pulsar el botón, una fina cúpula metálica situada en el interior del interruptor se colapsa y completa un circuito eléctrico. Al soltarlo, la cúpula vuelve a su forma, rompiendo el circuito y deteniendo el flujo de corriente. La cúpula de metal elástica crea un sonido de clic satisfactorio y una sensación táctil por excelencia.

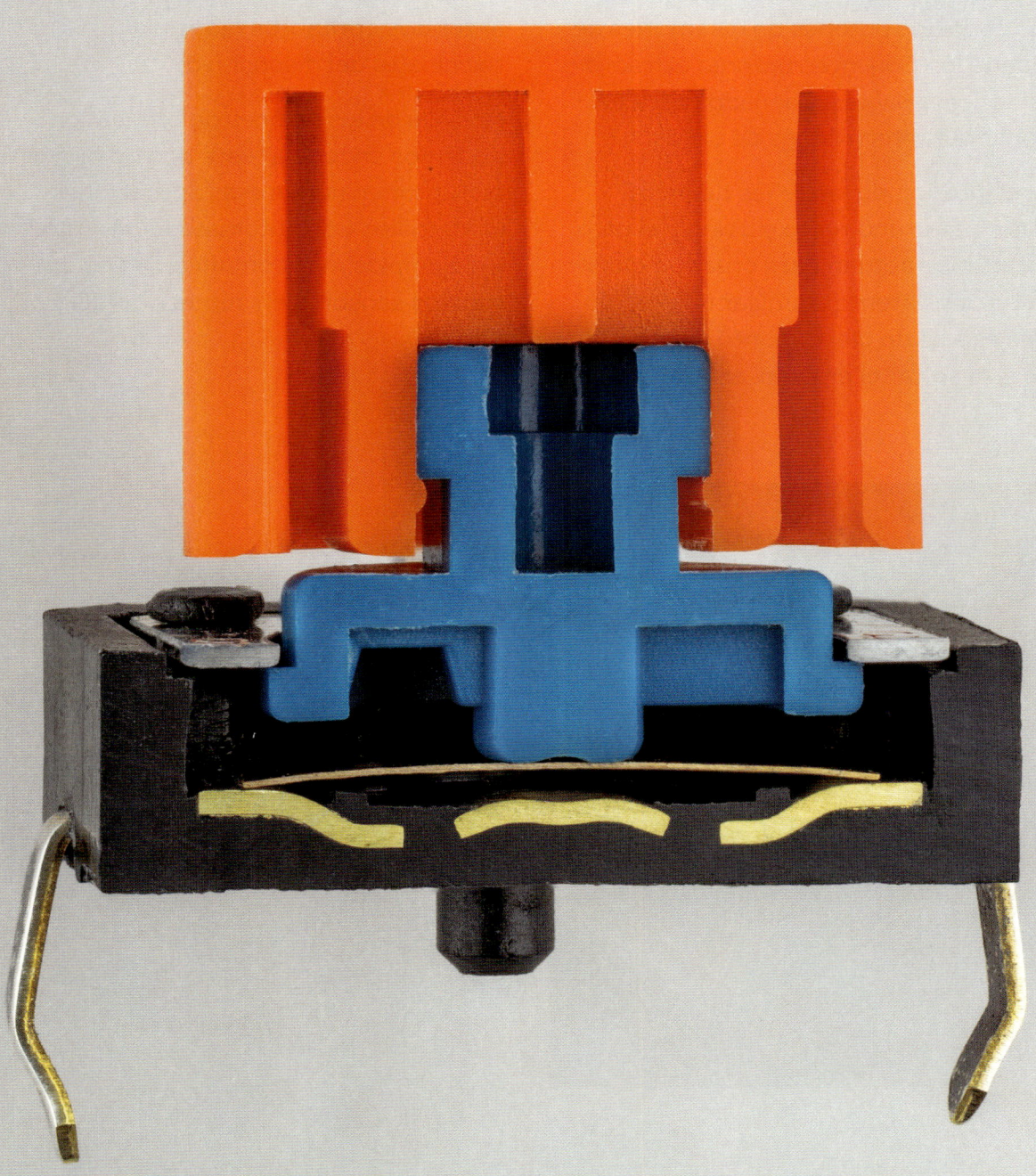

Este interruptor táctil tiene una gran tapa roja. Las versiones de perfil más bajo están omnipresentes en los dispositivos electrónicos.

Microinterruptor

Los **MICROINTERRUPTORES** proporcionan la función eléctrica y la sensación de hacer clic sobre los botones de los ratones de ordenador. Son interruptores extraordinariamente fiables, diseñados para funcionar durante millones de ciclos.

En el interior, dos muelles de metal estampado, uno recto y plano y el otro curvo, interactúan para crear un chasquido consistente al pulsar un émbolo más allá de un cierto punto de activación. Al soltar el émbolo, el interruptor vuelve a la otra posición. El chasquido mueve un contacto eléctrico común entre dos contactos fijos unidos a los terminales del dispositivo.

Más allá de los ratones de ordenador, podemos encontrar este tipo de microinterruptor en numerosas aplicaciones industriales y de automatización. Entre los ejemplos más comunes, se encuentran los sensores en impresoras 2D y 3D.

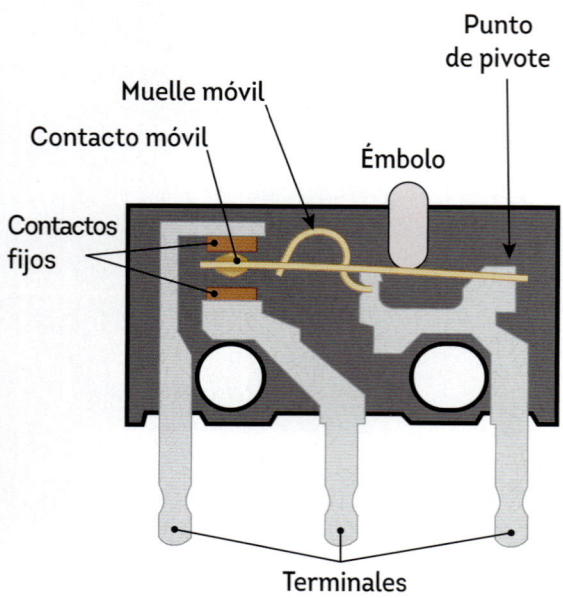

Punto de pivote

Muelle móvil

Contacto móvil

Émbolo

Contactos fijos

Terminales

Relé electromagnético

Los **RELÉS ELECTROMAGNÉTICOS** son interruptores que se activan mediante señales eléctricas, en lugar de mediante un botón o una palanca. Proporcionan un método robusto y de bajo coste para conmutar una cantidad sustancial de energía eléctrica y se utilizan en electrodomésticos, automóviles, ascensores, equipos industriales e, incluso, semáforos.

El corazón del relé es un **SOLENOIDE**, un tipo de inductor diseñado específicamente para usarse como electroimán. Cuando la corriente pasa a través de la bobina de alambre del solenoide, crea un campo magnético que atrae una placa de hierro con bisagras, moviendo un conjunto de contactos del interruptor de una posición a otra. Cuando el solenoide se apaga, un muelle retrae la placa de hierro, tirando de ella y devolviendo los contactos del interruptor a sus posiciones iniciales. Por tanto, el dispositivo utiliza electricidad para transmitir electricidad.

Este relé tiene cuatro polos: utiliza un solenoide para accionar simultáneamente cuatro interruptores, que pueden controlar cuatro señales independientes.

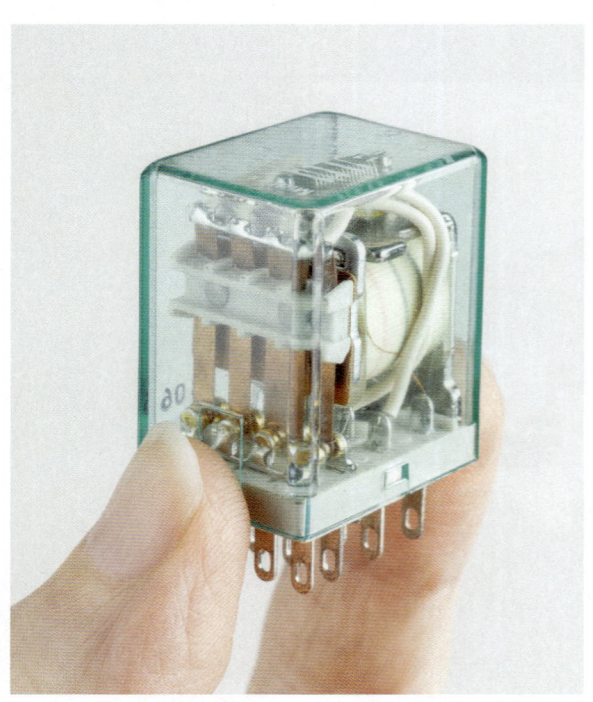

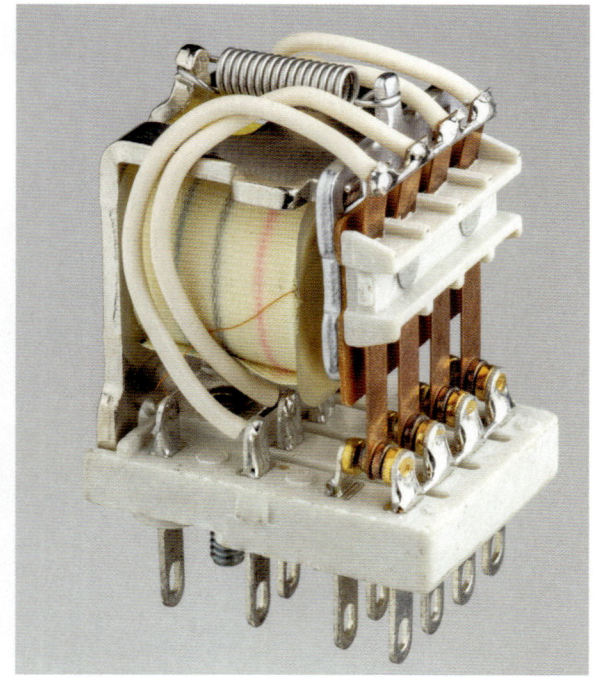

El solenoide está envuelto con un fino alambre de cobre y una capa externa de cinta de tela. Los cables gruesos con aislamiento de goma se conectan al terminal central de cada interruptor.

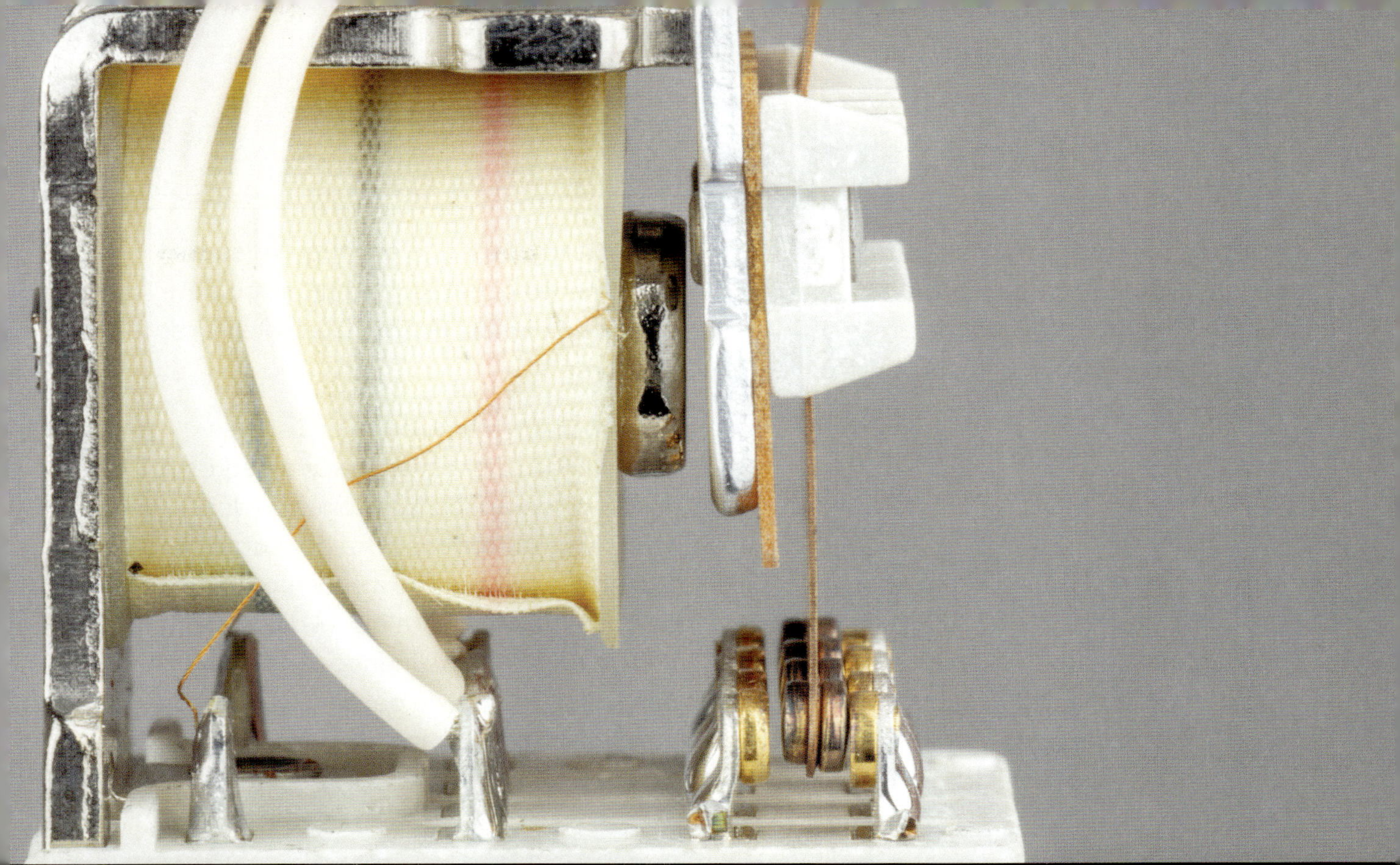
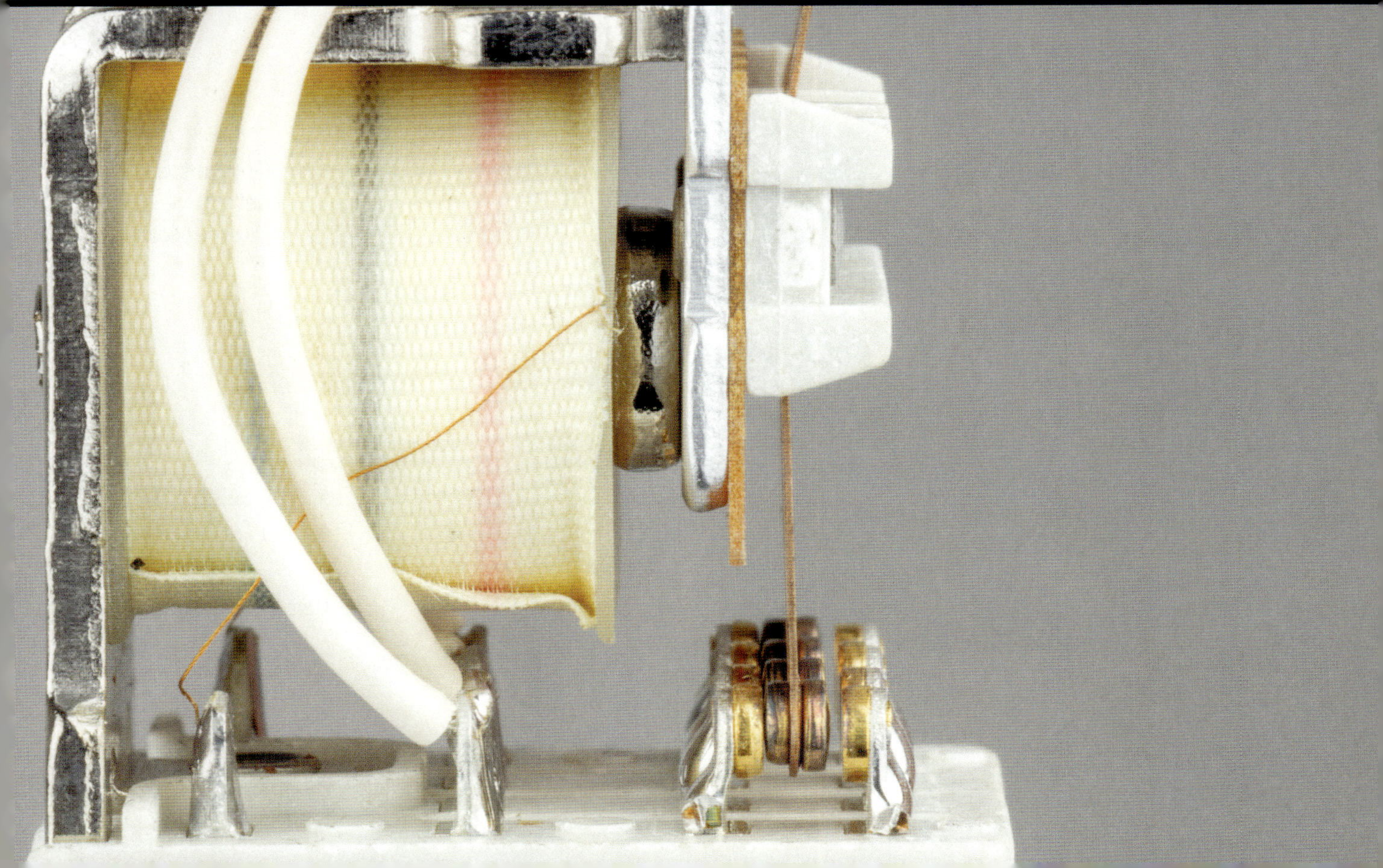

Interruptor térmico

Los dispositivos simples que necesitan regular una temperatura lo hacen mediante un **INTERRUPTOR TÉRMICO**, un interruptor eléctrico que se abre o cierra a una temperatura determinada; por ejemplo, un interruptor térmico en una cafetera puede encender el calentador cada vez que la temperatura de la placa calentadora cae por debajo de un punto de ajuste determinado.

El elemento activo de un interruptor térmico es una **TIRA BIMETÁLICA**, un sándwich soldado de dos metales distintos con diferentes índices de dilatación térmica.

En el interruptor que se muestra aquí, el elemento bimetálico es un disco delgado que cambia de forma al calentarse y enfriarse.

A temperatura ambiente, el disco es plano. Empuja hacia arriba una pequeña varilla de cerámica, presionando dos contactos eléctricos para conectarlos. Cuando la temperatura sube por encima de un punto de ajuste fijo, el disco se vuelve cóncavo, inclinándose hacia abajo para que la varilla de cerámica libere los contactos y desconecte el circuito.

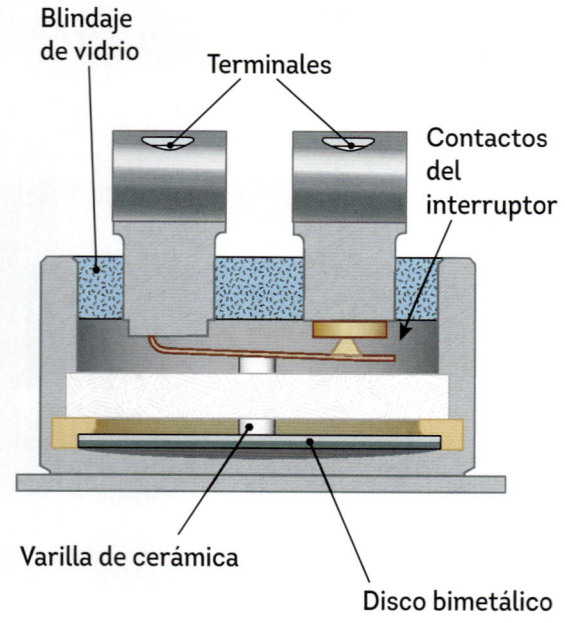

Blindaje de vidrio

Terminales

Contactos del interruptor

Varilla de cerámica

Disco bimetálico

Este interruptor térmico ha sido cortado en dos para mostrar su mecanismo. Generalmente, un interruptor como este está protegido, para evitar que entre polvo.

Motor de CC con escobillas

Este «localizador» en miniatura tiene aproximadamente el mismo diámetro que un lápiz. Es uno de los distintos tipos que se utilizan normalmente como motor vibrador dentro de un teléfono..

La corriente que circula por las bobinas de cobre dentro del motor genera un campo magnético que empuja contra otro campo de un imán permanente. El imán permanente se denomina ESTÁTOR, porque está fijo en su lugar. Las bobinas están unidas a un eje, el ROTOR, que

empieza a girar debido a la atracción y repulsión magnética.

Unos dedos metálicos, denominados «escobillas», conducen la corriente eléctrica hacia las bobinas de cobre giratorias, incluso mientras giran. Estas escobillas también actúan como CON-MUTADORES, invirtiendo la polaridad de la corriente por las bobinas de cobre cada media vuelta. De lo contrario, el rotor simplemente se alinearía con el imán del estátor y dejaría de girar.

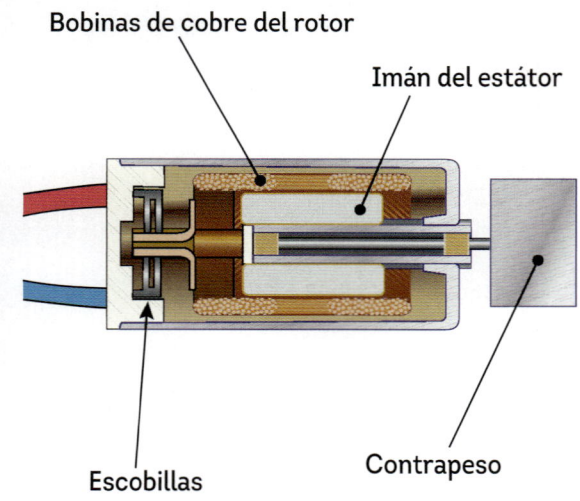

Bobinas de cobre del rotor

Imán del estátor

Escobillas

Contrapeso

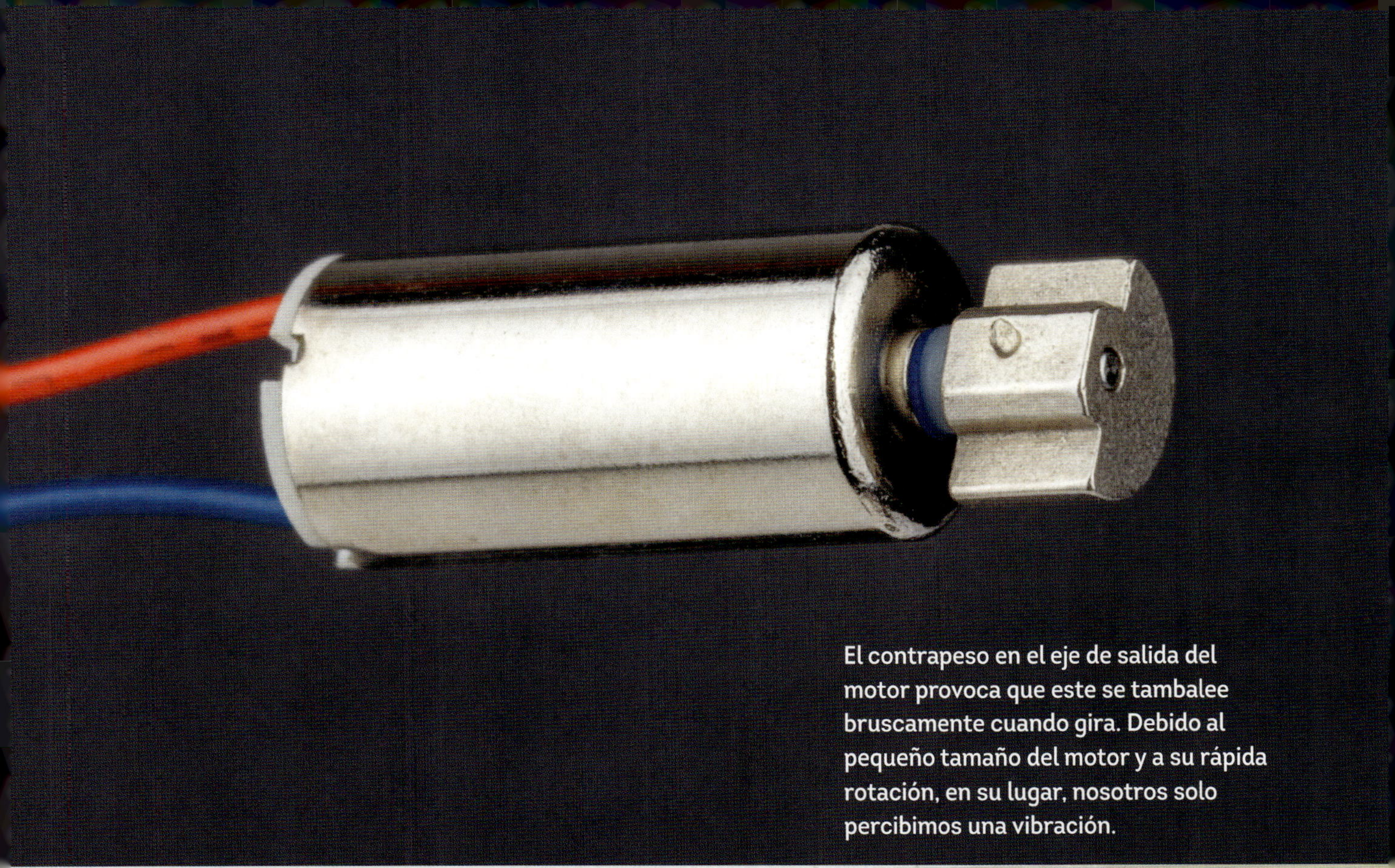

El contrapeso en el eje de salida del motor provoca que este se tambalee bruscamente cuando gira. Debido al pequeño tamaño del motor y a su rápida rotación, en su lugar, nosotros solo percibimos una vibración.

El imán interno en forma de tubo permanece estático, mientras la bobina de cobre rota a su alrededor.

Motor paso a paso

Mientras que muchos motores están diseñados para rotar continuamente, los MOTORES PASO A PASO están optimizados para arrancar y parar rápidamente mediante incrementos rotacionales precisos, conocidos como «pasos».

Los motores paso a paso son motores SIN ESCOBILLAS, lo que significa que las bobinas de cobre forman parte del estátor, mientras que el imán permanente forma parte del rotor. El motor paso a paso que mostramos aquí es un tipo común utilizado en impresoras 3D de escritorio.

Posee ocho bobinas de cobre: dos grupos de cuatro colocados uno frente a otro y enrollados en un estátor formado por planchas de hierro laminadas. El rotor posee sus propias capas de hierro apiladas, que actúan como piezas polares de un imán permanente de alta resistencia.

Las estructuras dentadas que tienen tanto el rotor como el estátor determinan el tamaño de cada paso del motor, así como su resolución. Este motor puede moverse a unos 200 pasos discretos por revolución.

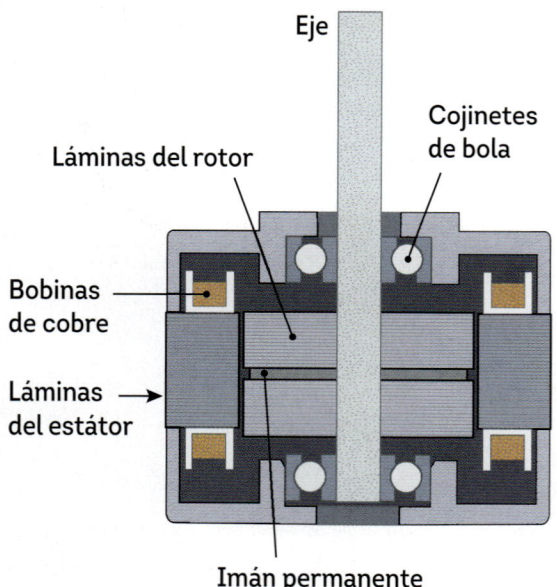

Eje

Cojinetes de bola

Láminas del rotor

Bobinas de cobre

Láminas del estátor

Imán permanente

Una vez montado, el rotor encaja perfectamente dentro del estátor, dejando solo un pequeño espacio entre ambos.

Gracias a esta sección transversal, podemos ver no solo la bobina de cobre, sino también los cojinetes de bola y el rotor y el estátor laminados.

Zumbador magnético

Existen muchos tipos diferentes de equipos que utilizan **ZUMBADORES MAGNÉTICOS** para emitir todo tipo de ruidos: sonidos de alarma, pitidos informativos e, incluso, melodías simples, para avisarle de que, por ejemplo, el arroz ha terminado de cocinarse. La placa base de un PC utiliza un zumbador magnético para avisar si tiene un fallo de bajo nivel.

El interior de este monótono componente es inesperadamente espectacular. La parte más atractiva es el pequeño solenoide de alambre magnético enrollado alrededor de un núcleo de hierro. Cuando se aplica corriente a los dos cables de conexión, el cable de cobre genera un campo magnético en su núcleo. Ese campo se combina con el campo magnético del imán en forma de anillo alrededor del exterior de la bobina y empuja contra el diafragma metálico en el centro. Cuando se acciona con una señal de corriente alterna, el diafragma vibra a la frecuencia de la señal de entrada, produciendo un tono.

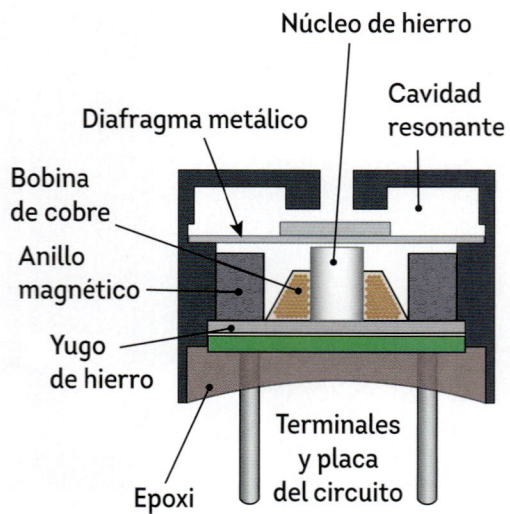

Este corte en un zumbador magnético
se hizo incrustando previamente el
zumbador en resina epoxi transparente.

Altavoz

Un **ALTAVOZ** convierte una señal eléctrica en vibraciones de aire que percibimos como sonido.

Dentro del altavoz, en el centro, se encuentra un gran imán permanente. Una pequeña bobina de alambre denominada **BOBINA DE VOZ** se enrolla alrededor de un cilindro de papel que encaja dentro de una ranura circular en el imán. Cuando la bobina de voz se acciona con corriente en cualquier dirección, genera un campo magnético que empuja contra el campo del imán permanente. El cilindro de papel responde moviéndose hacia arriba o hacia abajo. Una suspensión de color ámbar actúa como muelle para devolver el cilindro a la posición neutra cuando no hay corriente.

El cilindro de papel se conecta a un cono de altavoz negro hecho de papel moldeado que proporciona una excelente superficie para empujar contra el aire circundante. Los movimientos del cilindro impulsan las vibraciones del cono del altavoz, generando las ondas sonoras que escuchamos.

Un pequeño altavoz montado en la carcasa de un ordenador Apple IIc clásico.

Este fino corte de un altavoz fue moldeado en resina transparente.

Si nos acercamos, podemos ver que el cable de cobre imantado lacado de color rojo y el cilindro de papel unido a él están colocados exactamente en la ranura del imán permanente, y se pueden mover libremente de arriba abajo.

Cámara de *smartphone*

Una de las partes más mecánicamente complejas de un *smartphone* es el montaje de la cámara. Además de un sensor de imagen de un elevado número de megapíxeles de resolución, esta cámara también contiene una lente de múltiples elementos, un filtro de bloqueo de infrarrojos y un mecanismo de autofoco.

Y todo esto integrado en un centímetro cúbico.

Pero ¿qué tiene que ver una cámara de *smartphone* con los dispositivos electromecánicos que hemos visto hasta ahora? La respuesta es que, en el mecanismo de autofoco, se utiliza un motor de bobina de voz para posicionar las lentes de una forma precisa con respecto al sensor, de la misma manera que el cono de papel en un altavoz..

Uno de los autores de este libro utilizó este mismo tipo de cámara de un *smartphone* Nexus 5X para tomar algunas de sus primeras fotos de sección transversal y subirlas a su cuenta de X.

El montaje óptico incluye seis lentes de plástico de precisión mol-
deadas de perfil asférico.
El mecanismo de autofoco cambia
la distancia entre las lentes
y el sensor.

Dentro del módulo de la cámara

En la cámara, se utiliza una bobina de voz de cobre alrededor del conjunto de lentes para posicionarlas con respecto a varios imanes fijos cercanos. Las variaciones en la corriente provocan un desplazamiento mayor o menor.

Cuando tomamos una foto empleando nuestro smartphone y tocamos sobre un elemento para enfocarlo, se produce una compleja interacción entre el software y el servocircuito, la cual determina un campo magnético deter-minado necesario para posicionar las lentes en el lugar adecuado y conseguir enfocar la imagen a la perfección.

Debajo de las lentes, hay un filtro de vidrio que bloquea la luz infrarroja y, debajo de este, está el sensor de ima-gen, ubicado en una placa multicapa. El sensor de imagen está conectado a la placa mediante una serie de cables de unión.

Parte del filtro de infrarrojos cortado, que refleja preferentemente la luz roja, ha sido arrancado, dejando al descubierto el sensor de imagen principal que se encuentra debajo.

Motor de bobina de voz giratorio

Los discos duros utilizan un **MOTOR DE BOBINA DE VOZ GIRATORIO** de alto rendimiento para mover los cabezales de lectura/escritura rápidamente entre diferentes posiciones.

El principio de funcionamiento es el mismo que el de la bobina de voz de un altavoz. Sin embargo, los imanes y las bobinas están dispuestos de manera que la bobina gire alrededor de un punto de pivote, en lugar de moverse en línea recta.

La gran potencia de accionamiento y los complejos servocircuitos de circuito cerrado permiten que el disco duro reposicione sus cabezales con precisión en solo unos milisegundos.

Motores de enfoque de unidad óptica

Este conjunto láser de una unidad de DVD de ordenador portátil utiliza un ingenioso sistema de motor de bobina de voz de dos ejes para posicionar la lente. Dos juegos de bobinas e imanes mueven la lente hacia arriba y hacia abajo para enfocar y de lado a lado, con el fin de realizar un seguimiento. Los datos de un DVD están codificados en una espiral de unos y ceros digitales. El seguimiento principal a lo largo de la espiral lo proporciona un motor de CC, que mueve el conjunto láser por una pista lineal. Para ajustes precisos, la bobina de seguimiento desplaza la lente de un lado a otro.

Unos cables elásticos largos y finos mantienen el conjunto de la lente en su lugar, alambres que también forman las conexiones eléctricas con las bobinas.

Micrófono de electreto

Un **MICRÓFONO DE ELECTRETO** es un dispositivo económico que habitualmente se utiliza como micrófono en aparatos de electrónica de consumo, como los auriculares telefónicos. Recibe su nombre del extraño material que conforma su diafragma.

Un **ELECTRETO** posee una carga eléctrica permanente almacenada dentro del propio material, parecido a la manera en que los imanes poseen una cantidad permanente de magnetismo. El diafragma de electreto del micrófono y la **PLACA MÓVIL** forman un condensador simple, permanentemente cargado por el electreto. Cuando una onda de sonido choca contra el diafragma de electreto, este cambia su distancia con respecto a la placa móvil, lo cual varía la capacidad eléctrica, generando así una señal eléctrica. La placa móvil está conectada a un transistor integrado que amplifica la señal y la envía a los terminales.

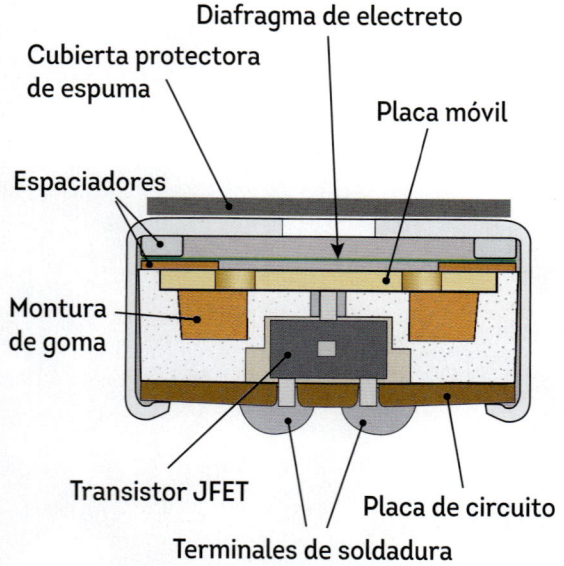

Cubierta protectora de espuma

Diafragma de electreto

Placa móvil

Espaciadores

Montura de goma

Transistor JFET

Terminales de soldadura

Placa de circuito

Esta sección transversal se llevó a cabo
incrustando el micrófono en resina
transparente antes de cortarlo. El corte
atraviesa la matriz y los cables de unión
del transistor en el encapsulado negro.

Cables y conectores

Los cables y los conectores vinculan nuestros dispositivos con el mundo que los rodea. Estos transportan electrones, transmiten energía hasta nuestras casas, hacen que internet llegue a los ordenadores, nos permiten retransmitir y reproducir vídeos y traen música a nuestros oídos. Van desde los simples cables trenzados hasta características increíblemente complejas de fabricación precisa.

Cable sólido y cable trenzado

Los cables están por todas partes. Podemos encontrarlos tanto en el fondo del océano como en sondas enviadas al espacio exterior. Mueven señales eléctricas a través de nuestras paredes, entre continentes e, incluso, en nuestro cuerpo.

Existen dos tipos básicos de cable: SÓLIDOS y TRENZADOS. Los cables sólidos tienen un único filamento metálico, mientras que los trenzados constan de múltiples cables más pequeños anidados entre ellos. Los cables de siete trenzas son comunes, porque su forma general es relativamente circular. Por esta misma razón, podemos encontrar cables con 19, 37 o incluso 61 trenzas. El cable trenzado es más flexible, mientras que el sólido tiende a mantener su forma, aunque se rompe con más facilidad si se dobla demasiadas veces.

Los cables pueden fabricarse de diversos materiales, pero el cobre es el más utilizado en dispositivos electrónicos pequeños. Con el fin de prevenir cortocircuitos, el cable suele estar recubierto de un material aislante, como barniz, plástico PVC o, incluso, tela.

Cable eléctrico de corriente alterna

Un amasijo de alambres se conoce como «cable». Aquí mostramos el tipo de cable que podría utilizar cualquier ordenador de sobremesa vendido en Estados Unidos. Dispone de un enchufe de tres puntas del tipo conocido como «NEMA 5-15», de 15 amperios.

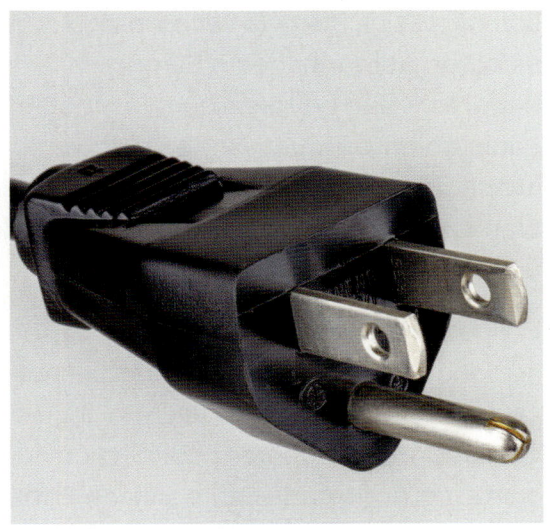

Dentro del cable, podemos encontrar tres alambres de cobre trenzados, envainados en una cubierta externa negra moldeada. El verde es el conductor de tierra, mientras que el par negro y blanco transportan la corriente alterna monofásica de 120 voltios, de 60 hercios. El negro está «caliente», a unos 120 voltios con respecto al cable de tierra, mientras que el blanco es «neutral», con una tensión parecida a la del verde.

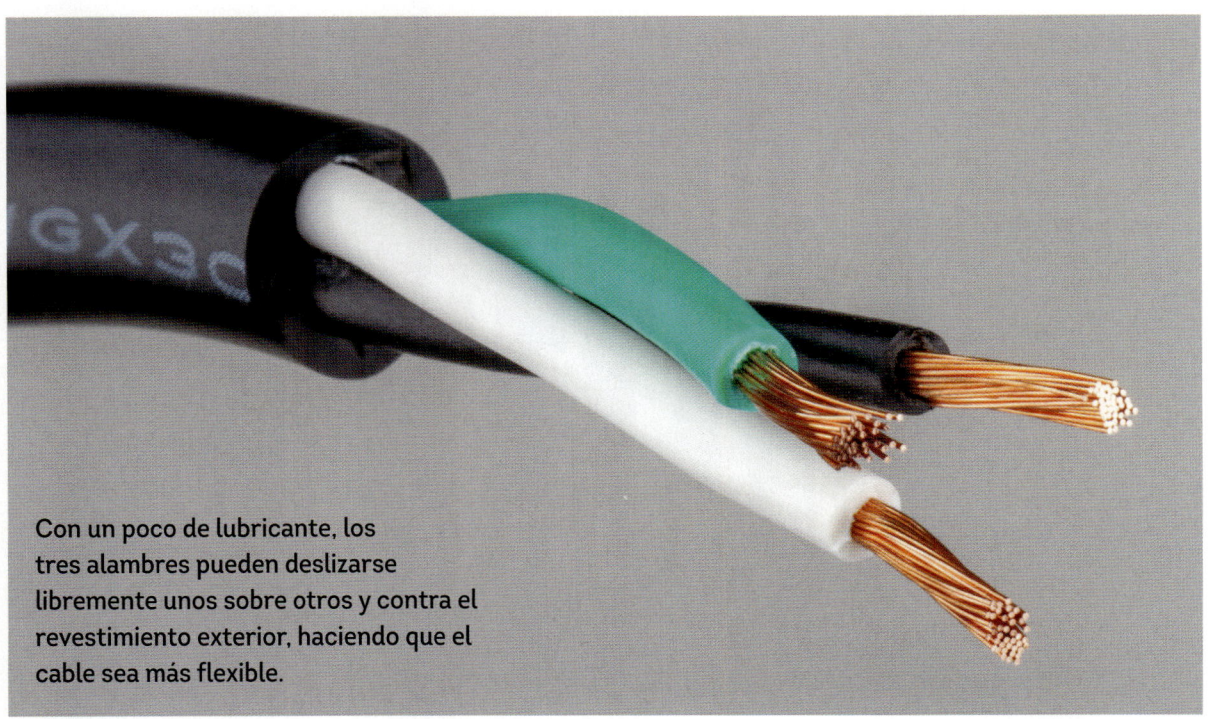

Con un poco de lubricante, los tres alambres pueden deslizarse libremente unos sobre otros y contra el revestimiento exterior, haciendo que el cable sea más flexible.

Cable de cinta IDC

Los **CABLES DE CINTA** (a veces, de colores) se solían utilizar hace un tiempo en ordenadores y, aún hoy, se siguen usando en equipamiento industrial y en electrónica lúdica. Tienen forma de cintas largas y planas, con muchos alambres individuales unidos entre sí.

El tipo de conector que mostramos aquí se conoce como **CONECTOR POR DESPLAZAMIENTO DEL AISLANTE** o IDC, del inglés insulation-displacement connector. Funciona forzando cada cable aislado entre dos hojas metálicas en forma de cuña. Las hojas perforan el aislamiento y sujetan fuertemente el cable de cobre, consiguiendo una conexión eléctrica sólida.

Unos resortes bañados en oro dentro del conector hacen contacto con los pines metálicos del «cabezal» en el que se enchufa el conector.

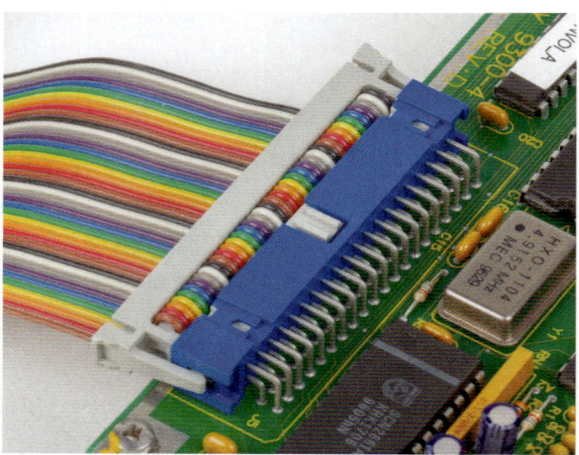

El resto de los cables están perforados en una fila del conector IDC. Con dos filas de hojas, cada cable se conecta a un pin de acoplamiento.

Cable modular para teléfonos

En los antiguos teléfonos de sobremesa, se utilizaba este tipo de cable plano para conectarse a una línea de teléfono analógica o un teléfono fijo. El conector transparente del extremo es un enchufe modular que forma parte de una interfaz RJ25 («*jack* registrado» o *registered jack*, en inglés), que puede funcionar en tres líneas telefónicas de forma simultánea. El pin se conecta a los cables individuales desplazando el aislamiento, de forma muy parecida al conector de cable de cinta.

Los dos cables del centro, de color verde y rojo, se encargan de la primera línea telefónica analógica. Los dos pares restantes, el amarillo/negro y el azul/blanco,

se ocupan de las otras líneas. A veces, los pares de cables adicionales se utilizan para suministrar al teléfono energía eléctrica de bajo voltaje.

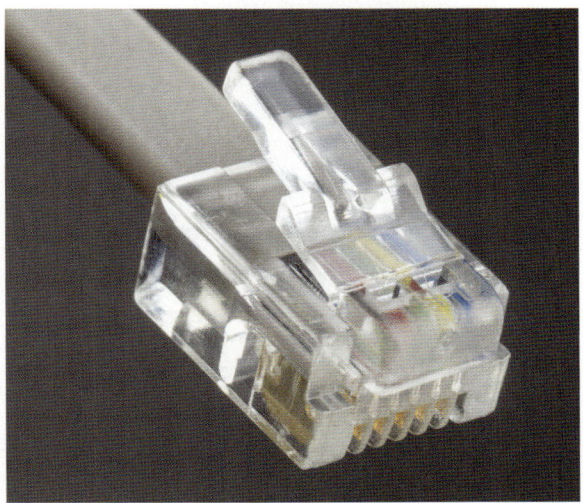

Cada uno de los seis cables posee siete trenzas de cobre dentro de un revestimiento exterior protector.

Zócalos DIP

Los **ZÓCALOS DE PAQUETE DUAL EN LÍNEA** (DIP, del inglés *dual in-line package*) permiten conectar un circuito integrado a una placa y retirarlo fácilmente, sin necesidad de soldarlo. En cambio, el zócalo en sí mismo dispone de pines soldados a la placa.

Los zócalos **DE DOBLE LIMPIEZA** tienen muelles metálicos planos que empujan contra ambos lados de cada pin del circuito integrado. Su producción es barata, ya que solo se requiere una pieza de metal estampada y moldeada que conecte con cada pin.

Un zócalo **DE PIN MECANIZADO** es más complejo. Los zócalos metálicos se mecanizan individualmente con la forma correcta mediante un torno especializado. Para sujetar los pines del circuito integrado, se utiliza un minúsculo conjunto de dedos de resorte estampados y moldeados que encaja a presión en cada zócalo.

Los pines del zócalo suelen estar estañados, pero los zócalos de alta gama suelen tener un baño de oro, para evitar la corrosión que podría romper la conexión eléctrica.

Los zócalos de doble limpieza tienen contactos elásticos que sujetan cada pin del paquete de circuito integrado.

Los zócalos de pines mecanizados se fabrican con mayor precisión que los de doble limpieza. Utilizan conexiones de muelle a presión para sujetar cada pin del circuito integrado.

Enchufes y *jacks* de barril

Los **ENCHUFES** y los *JACKS* **DE BARRIL** se pueden encontrar habitualmente en dispositivos electrónicos en los que se utiliza un adaptador de CA enchufable.

El enchufe posee un barril de metal externo y un zócalo central. La polaridad depende del tipo de equipamiento específico: a veces, el zócalo central es el terminal positivo y el barril exterior, el negativo, aunque no existe un estándar uniforme.

El *jack* tiene un pin central que se ajusta al zócalo del enchufe y un contacto exterior, que toca el barril del enchufe.

Dentro del *jack*, encontramos un interruptor sencillo que, en algunos dispositivos, se utiliza para cambiar la alimentación por batería por alimentación externa. Al insertar el enchufe en el *jack*, el interruptor se abre automáticamente, desconectando la batería interna.

Jack de barril en una placa de circuito.

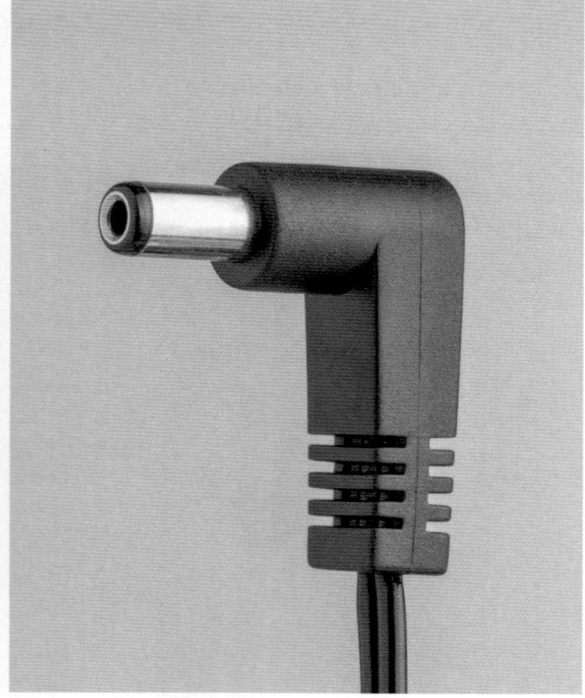

Enchufe de barril en un cable de alimentación.

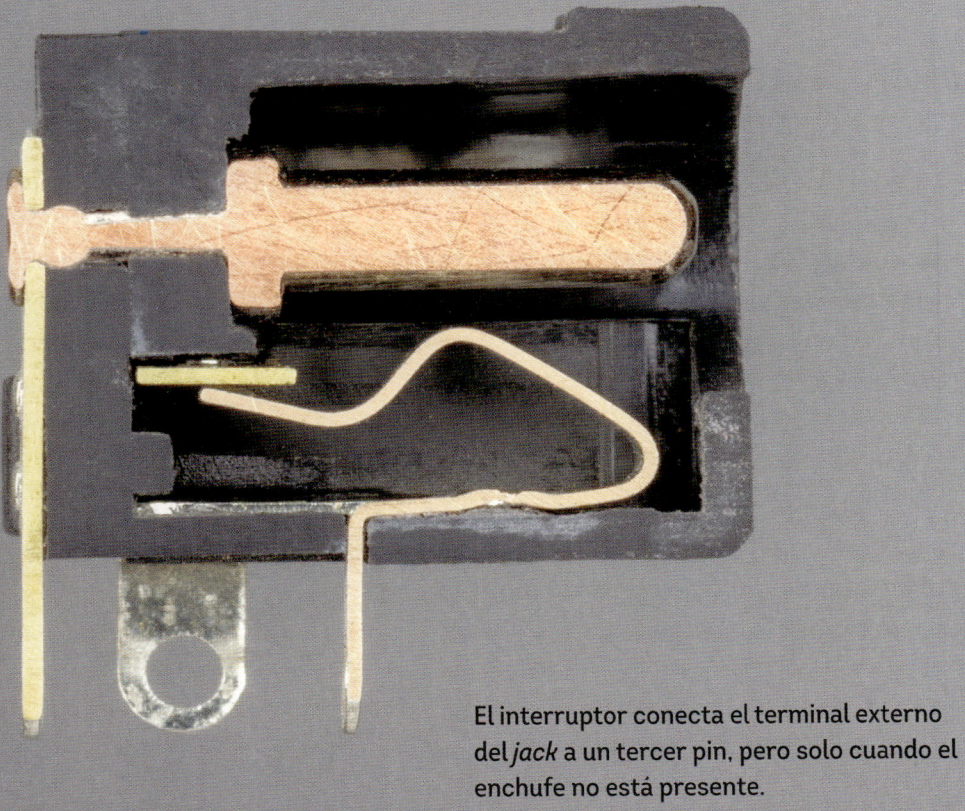

El interruptor conecta el terminal externo del *jack* a un tercer pin, pero solo cuando el enchufe no está presente.

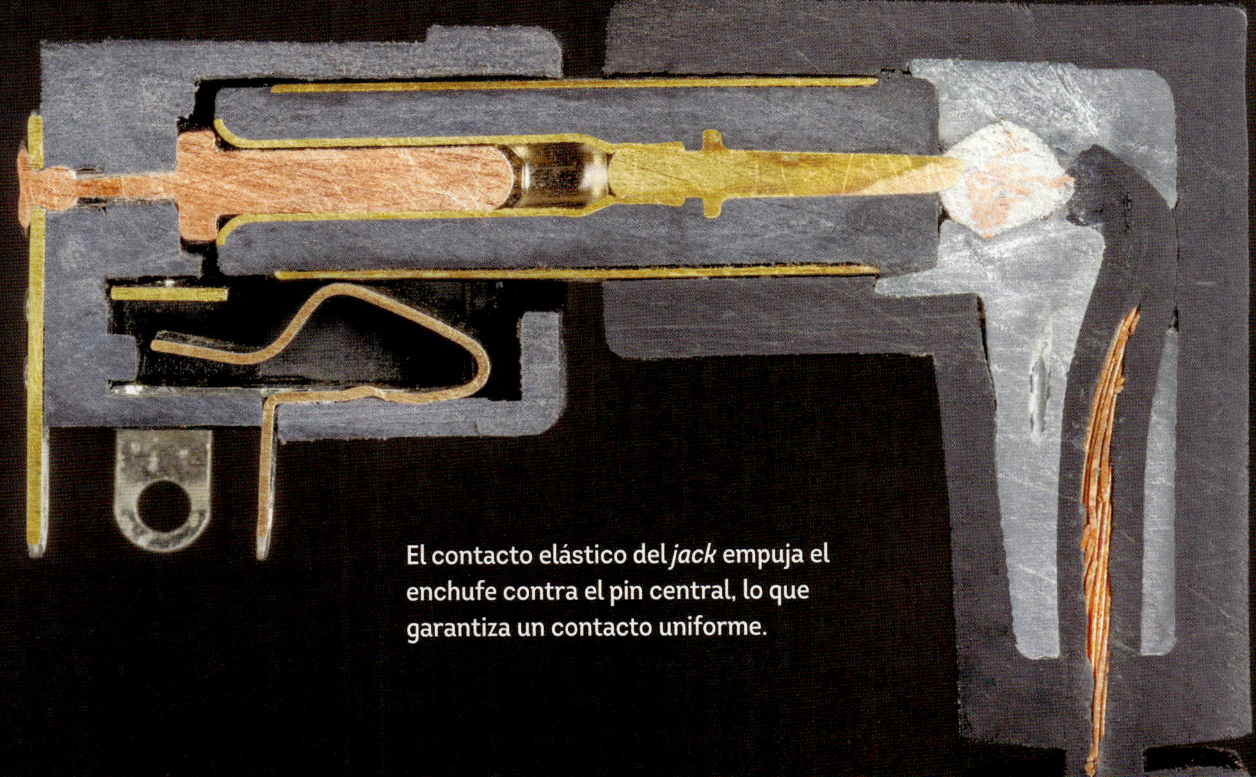

El contacto elástico del *jack* empuja el enchufe contra el pin central, lo que garantiza un contacto uniforme.

Enchufe y *jack* de audio (¼ de pulgada)

The **ENCHUFE DE AUDIO DE UN CUARTO DE PULGADA** (6,35 milímetros), a veces llamado **ENCHUFE DE TELÉFONO**, fue uno de los primeros conectores que se inventaron. Originalmente fue diseñado para las centralitas telefónicas y se ha mantenido relativamente inalterado desde la década de 1890. Los operadores conectaban la llamada tomando la línea telefónica, la cual tenía un enchufe como este, y lo conectaban a un *jack*, que representaba el destino de la llamada.

El *jack* tiene un dedo de resorte que se traba en la ranura de la punta del enchufe y lo retiene para que no se caiga. Al igual que el de barril, los *jacks* de un cuarto de pulgada tienen un interruptor que puede detectar si el enchufe se ha insertado.

Si bien en los sistemas telefónicos ya no se usan estos conectores, siguen siendo un estándar para instrumentos musicales como guitarras eléctricas y sintetizadores.

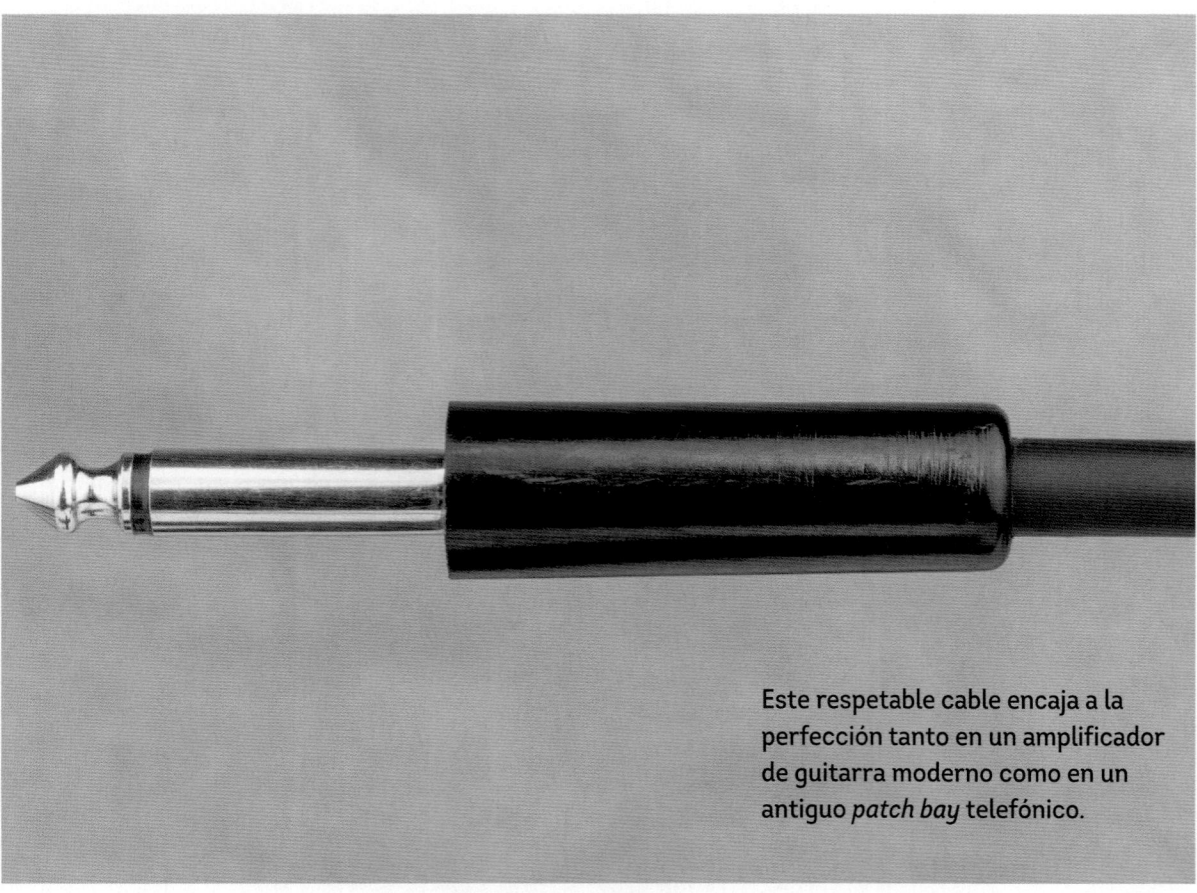

Este respetable cable encaja a la perfección tanto en un amplificador de guitarra moderno como en un antiguo *patch bay* telefónico.

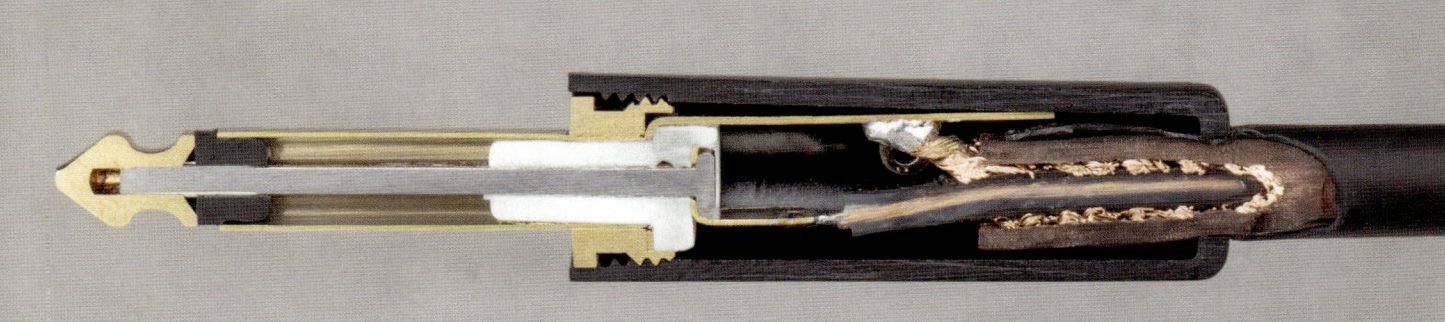

La punta del enchufe se conecta al
conductor central del cable, mientras
que el manguito exterior se conecta a
la protección exterior del cable.

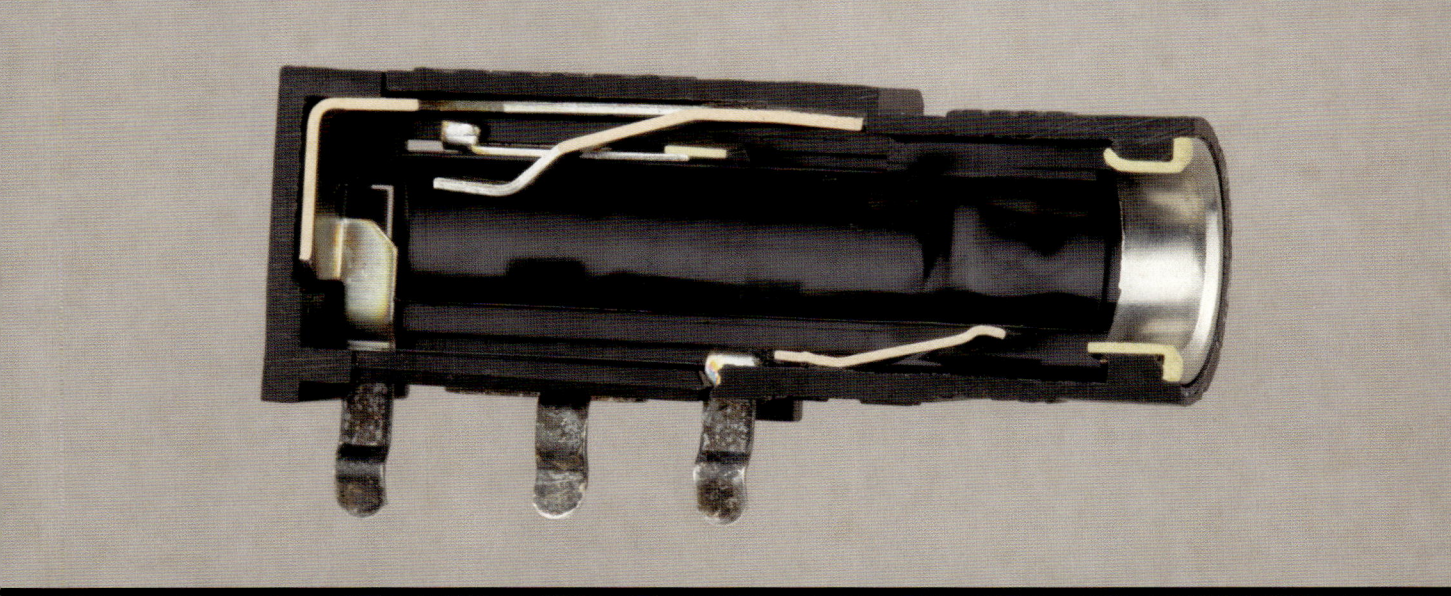

Conector de audio de 3,5 milímetros

Este famoso conector de audio es una versión en miniatura del enchufe de audio de un cuarto de pulgada. Suele ser conocido como ENCHUFE DE AURICULARES (aunque también se utiliza para otras señales de audio) o como ENCHUFE DE OCHO PULGADAS (aunque esta es solo una aproximación de su tamaño). Estos conectores están siendo reemplazados por los sistemas USB-C y Bluetooth en los *smartphones*, pero aún siguen siendo la manera más sencilla de introducir y extraer sonido de un dispositivo.

Además de su tamaño, la principal diferencia entre este enchufe y el de cuarto de pulgada de la página 146 es que este posee tres terminales, conocidos como «punta», «anillo» y «manguito», para poder soportar un sonido estéreo de dos canales.

El *jack* de 3,5 milímetros posee dos minúsculos interruptores en su interior que desconectan cualquier altavoz interno una vez enchufamos los auriculares al aparato. Algunos ordenadores utilizan el interruptor para detectar si se inserta un enchufe en el *jack* y mostrar el correspondiente menú de configuración de *software*.

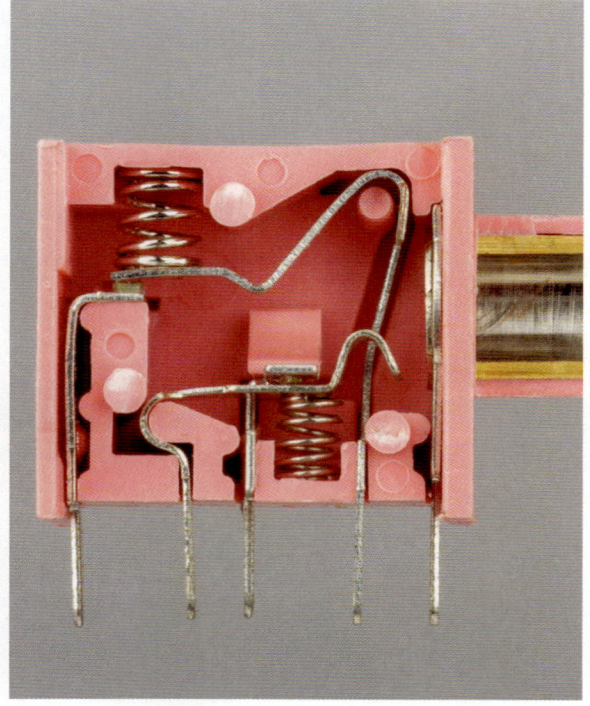

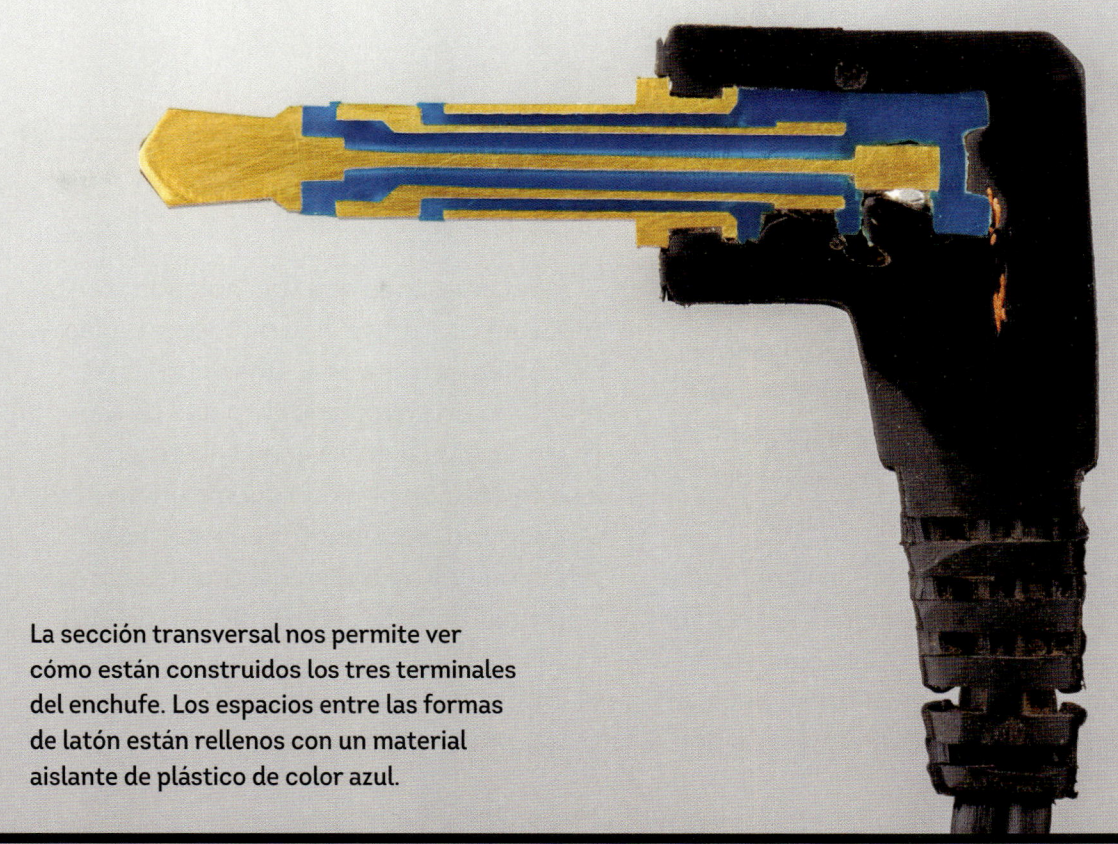

La sección transversal nos permite ver cómo están construidos los tres terminales del enchufe. Los espacios entre las formas de latón están rellenos con un material aislante de plástico de color azul.

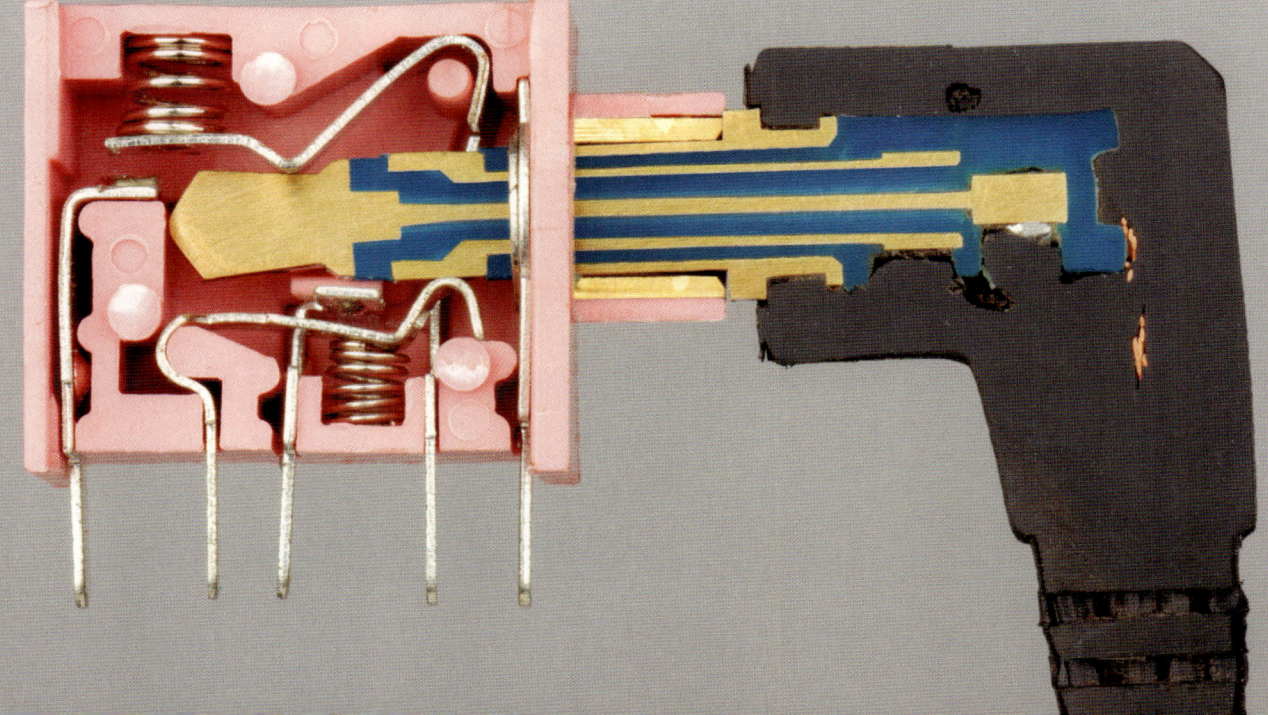

Los contactos con muelle en el jack desconectan dos interruptores, inmovilizan el enchufe y hacen contacto constante con la punta, el anillo y el manguito.

Cable coaxial LMR-195

Un **CABLE COAXIAL** tiene dos conductores en su interior: un cable central que transporta la señal y un blindaje trenzado exterior que transporta la corriente de la toma de tierra y protege la señal de posibles interferencias. El término «coaxial» («co-axial») hace referencia a que ambos conductores comparten el mismo eje central.

El cable está diseñado para transportar señales de radiofrecuencia (RF). Es fácil pensar que las radiofrecuencias viajan a través del conductor central, pero, en realidad, estas se mueven a través del espacio entre el conductor central y el blindaje exterior.

El blindaje es más que una holgada trenza de cables de cobre: hay múltiples capas de cables entrelazadas unas con otras, así como un envoltorio de papel de aluminio adicional entre esos cables y el aislamiento de plástico que se encuentra alrededor del conductor central. Todos estos rasgos ayudan a mejorar las características de este cable LMR-195 de alta calidad, el cual recibe su nombre de su diámetro de 0,195 pulgadas (0,5 centímetros, aproximadamente).

Entre el conductor central y el blindaje exterior encontramos espuma dieléctrica de polietileno plástico, la cual aísla ambos conductores el uno del otro.

Cable de corriente de un portátil

Este es el cable de corriente de un ordenador Apple MacBook Pro. Por fuera, el cable parece un suave fideo de goma blanco, flexible y fácil de sostener. La flexibilidad proviene del inmenso número de flexibles y delgadas hebras de cobre que pueden doblarse y deslizarse ligeramente unas entre otras.

El grupo de cables rectos en su interior está ubicado alrededor de un **ELEMENTO DE RESISTENCIA**, un cable de fibra de alta resistencia, normalmente de kevlar. Un aislante de plástico rígido alrededor del grupo de alambres interior evita que el cable se doble demasiado. El grupo de alambres exterior es el retorno de tierra para la transmisión de energía. Consiste en espirales opuestas de hebras de cobre, que pueden adaptarse más fácilmente a los cambios de longitud que las hebras rectas del centro, lo que ayuda a su flexibilidad. El revestimiento exterior de goma es de un polímero duro y texturizado con un acabado de goma.

Este cable ha sido diseñado para ser flexible, a la vez que lo bastante duro y resistente como para sobrevivir a un peligroso tropiezo ocasional.

Cable coaxial RG-6

Entre un cable de módem y su toma de corriente, encontramos un cable coaxial como este.

Aunque el diseño general del cable es similar al del cable coaxial LMR-195, este cable RG-6 está diseñado para que sea más económico y se diferencia del otro por sus detalles de fabricación; por ejemplo, en este se utilizan alambres de aluminio como blindaje, en vez de cobre, y el conductor central está chapado en cobre, en vez de estar realizado con cobre sólido.

El blindaje de este cable cuenta con dos capas de papel de aluminio alrededor del trenzado de alambre de aluminio.

Cable de televisión RG-59

La diferencia de precio entre un cable estándar y los más baratos disponibles en el mercado puede resultar sustancial. A menudo, no podemos identificar posibles problemas desde fuera, por lo que, para apreciar realmente las diferencias, debemos cortar un cable por la mitad, tal y como hemos hecho aquí..

InEn comparación con los cables coaxiales de alta calidad, este cable de televisión no solo resulta barato, sino también mal fabricado. El conductor central no está en el centro del plástico dieléctrico, el blindaje exterior consta únicamente de unas pocas hebras de alambre y el grosor

del revestimiento de plástico es desigual. Este perfil irregular y una mala protección sugieren que este cable dará un rendimiento inferior a los demás.

Entre las características que hacen que un cable funcione bien, se encuentran una sección transversal consistente y una buena protección. Cualquier señal que pase a través de este cable de mala calidad será débil y ruidosa al llegar a su destino.

Conector F

Un **CONNECTOR F** es el tipo de conector roscado que podemos encontrar en la parte trasera de un televisor o de un módem por cable. Una característica que de algún modo resulta inusual en este conector es que su «pin» central es, en realidad, un conductor central que sale del mismo cable coaxial.

When the cable is plugged into the Cuando el cable se conecta al jack, el conductor central es atrapado por un contacto similar a un muelle que provoca la conexión eléctrica e introduce (o extrae) la señal del dispositivo electrónico. Un espaciador de plástico ayuda a guiar el conector central dentro del contacto.

La tuerca hexagonal exterior tiene libertad para rotar y acelera el contacto del enchufe dentro del conector. Algunos conectores F utilizan un diseño «de empuje», con muelles que sujetan las roscas, para que el conector pueda simplemente ser empujado hasta su sitio.

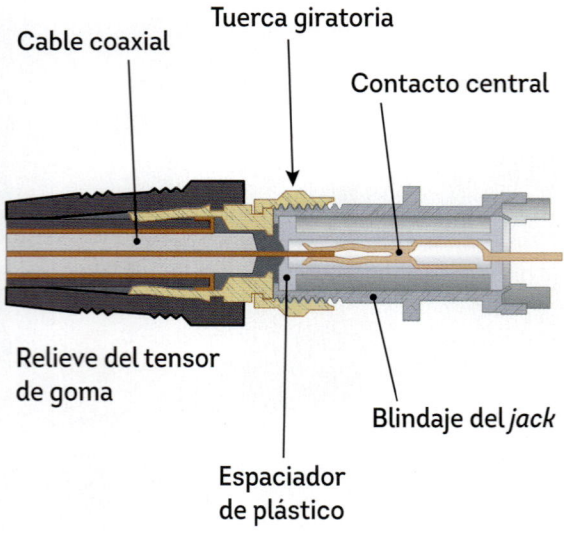

Cable coaxial

Tuerca giratoria

Contacto central

Relieve del tensor de goma

Blindaje del *jack*

Espaciador de plástico

El enchufe y el jack de un conector F son los diseños típicos utilizados para internet y la televisión por cable.

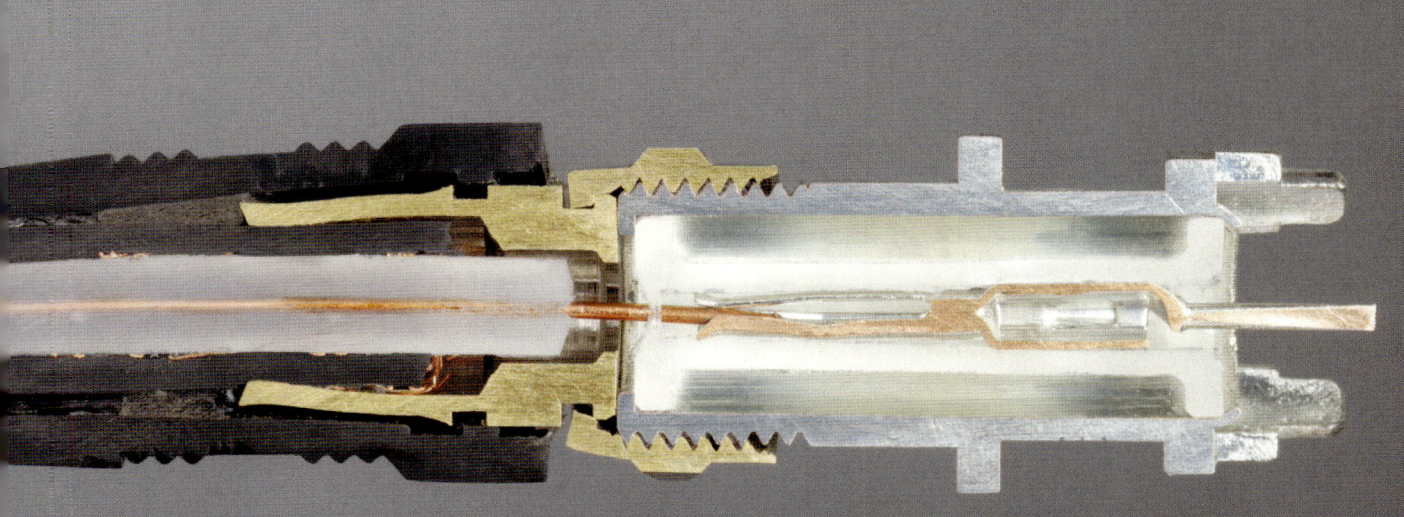

El conductor central sólido del cable coaxial sirve como pin central para el conector.

Enchufe y *jack* BNC

El **CONECTOR BNC** es un cable conector coaxial muy popular en laboratorios y señales de radiofrecuencia. A diferencia del conector F, este solo necesita girar un cuarto de vuelta su montura en forma de bayoneta para conectarse o desconectarse.

Los conectores BNC, al igual que la mayoría de los conectores coaxiales, emplean un pin central engarzado, en vez del propio cable desnudo, para conseguir la conexión central. Además, tal y como

les ocurre a otros cables coaxiales de alta calidad, el BNC está diseñado para presentar una impedancia relativamente constante a lo largo de su estructura.

En términos vagos, la **IMPEDANCIA** hace referencia a la cantidad de resistencia efectiva que un circuito presenta, tanto para las señales de corriente continua como para las de corriente alterna. Los cables y los conectores con una impedancia constante minimizan los ecos no deseados en las señales transmitidas.

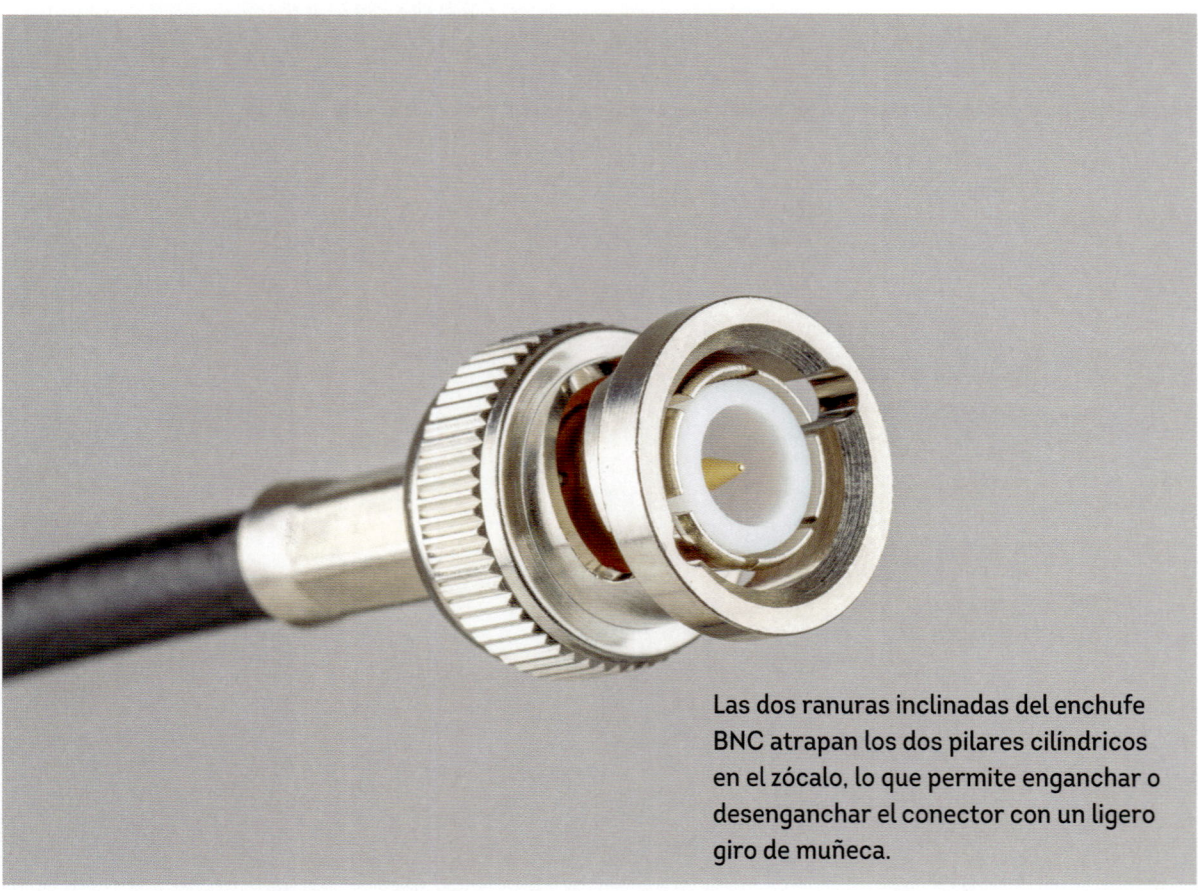

Las dos ranuras inclinadas del enchufe BNC atrapan los dos pilares cilíndricos en el zócalo, lo que permite enganchar o desenganchar el conector con un ligero giro de muñeca.

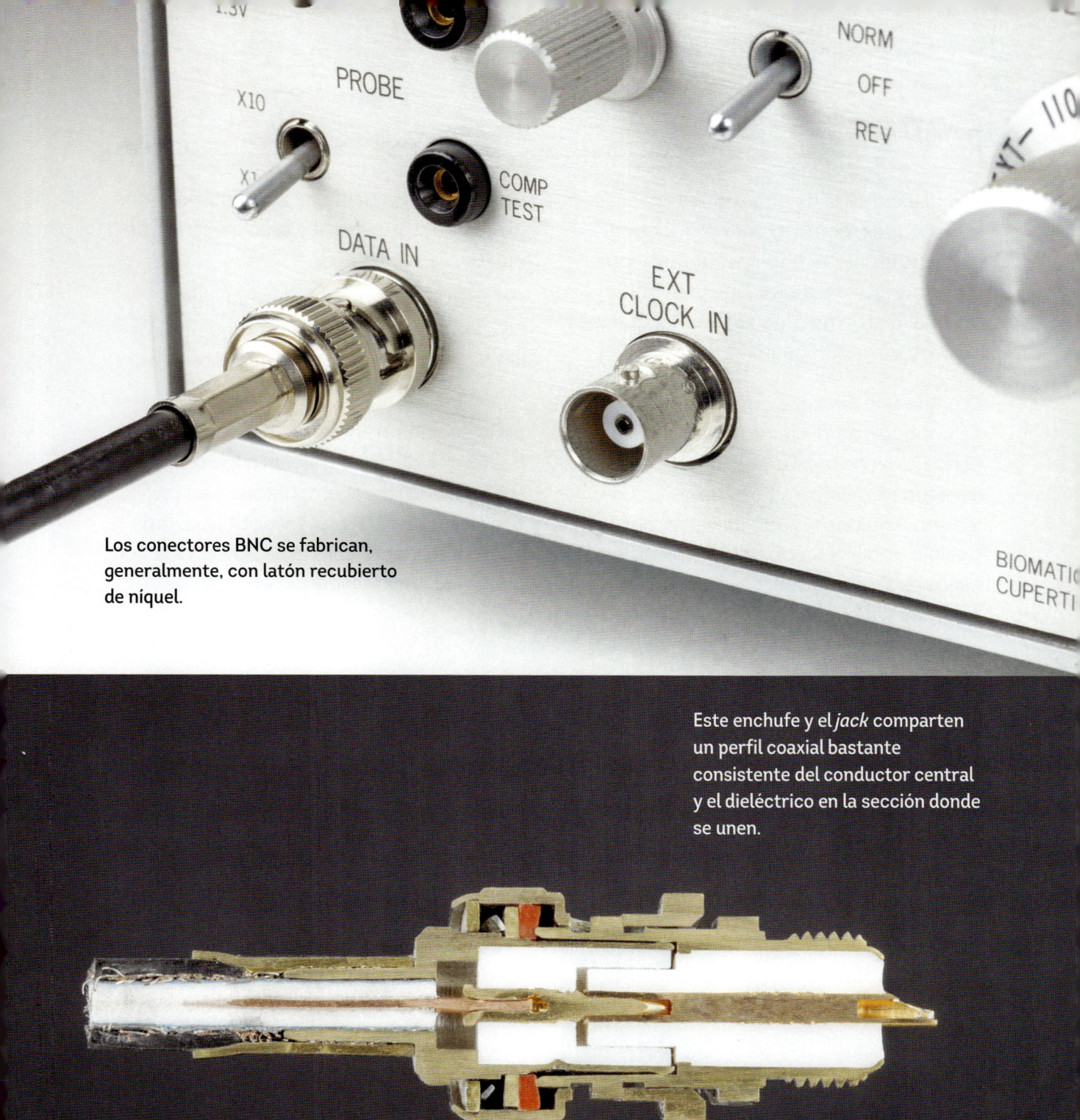

Los conectores BNC se fabrican, generalmente, con latón recubierto de níquel.

Este enchufe y el *jack* comparten un perfil coaxial bastante consistente del conductor central y el dieléctrico en la sección donde se unen.

Conector SMA

Los dispositivos de alta tecnología más sofisticados, como los generadores de señales, emplean unos pequeños y precisos CONECTORES SMA, que transmiten la señal de forma mucho más fiel que los conectores de consumo.

El cable que aparece con el conector se conoce como «semirrígido», pues su blindaje exterior es un tubo de cobre revestido en estaño. Los cables coaxiales semirrígidos no son flexibles, pero es posible doblarlos con herramientas especializadas para obtener la forma deseada. Además del blindaje sólido, también cuenta con un cable coaxial estándar con un conductor central y un dieléctrico de plástico a su alrededor..

Un enchufe SMA posee una tuerca hexagonal de libre rotación que puede ser apretada, para que se ajuste a su correspondiente *jack*.

En la sección transversal, podemos ver bastantes detalles gracias a los distintos tipos de metal empleados. Las partes exteriores del conector SMA son de acero inoxidable, mientras que el jack está hecho de latón revestido en oro.

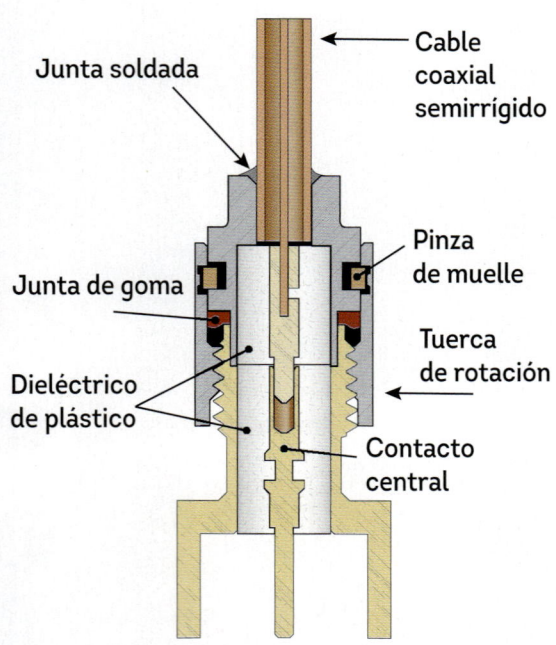

Junta soldada

Cable coaxial semirrígido

Junta de goma

Pinza de muelle

Dieléctrico de plástico

Tuerca de rotación

Contacto central

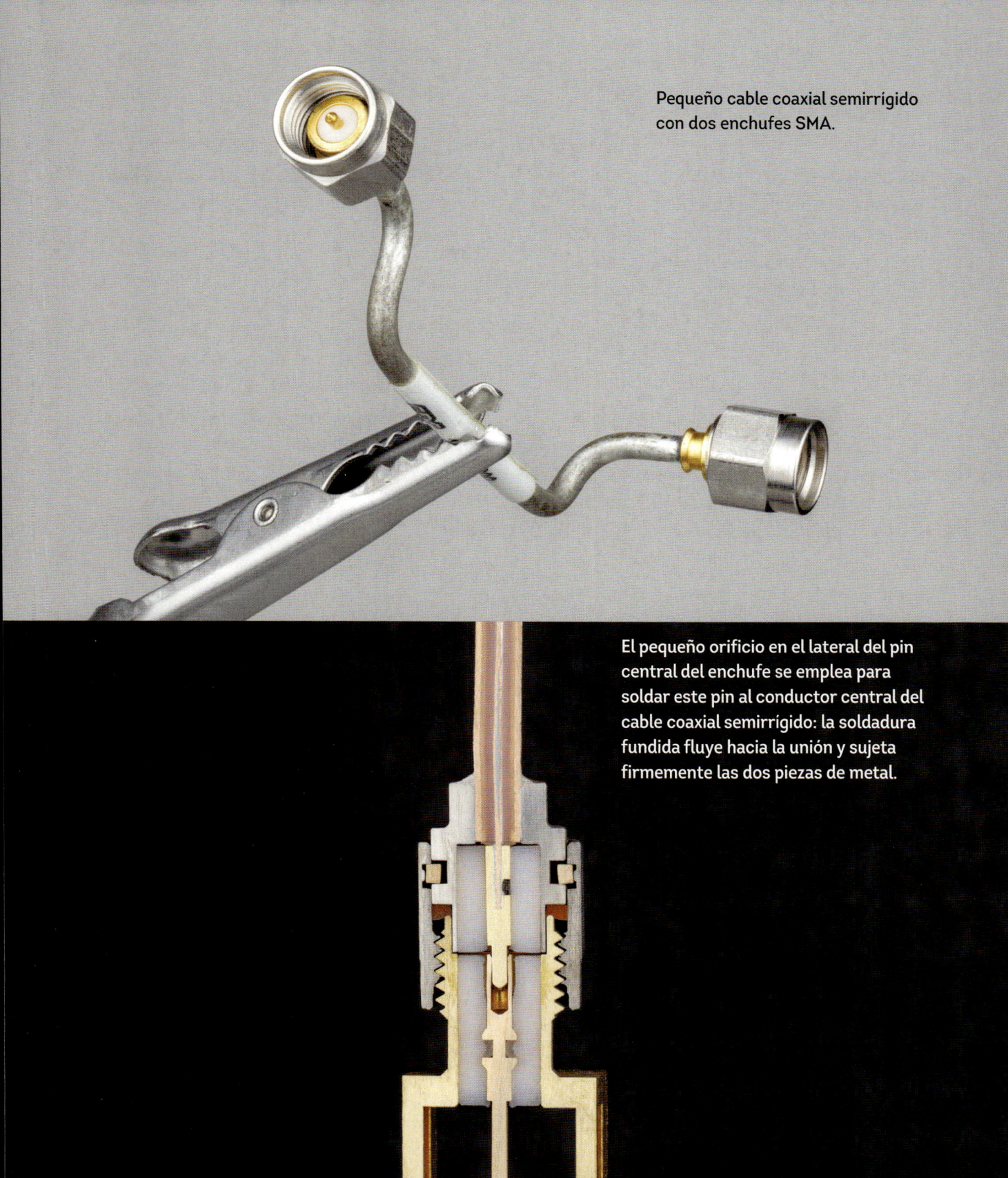

Pequeño cable coaxial semirrígido con dos enchufes SMA.

El pequeño orificio en el lateral del pin central del enchufe se emplea para soldar este pin al conductor central del cable coaxial semirrígido: la soldadura fundida fluye hacia la unión y sujeta firmemente las dos piezas de metal.

Conector DE-9

Los ordenadores de antaño usaban un **CONECTOR DE-9** para transportar datos en serie mediante el protocolo RS-232. Dado que, en muchos ordenadores e instrumentos, se continúa usando este estándar de transmisión de datos, los cables DE-9 y sus adaptadores todavía se pueden obtener.

Estos conectores, simples pero robustos, tienen nueve pines en el enchufe que se ajustan perfectamente en nueve zócalos con muelle en el receptáculo. Las carcasas trapezoidales de metal guían a los conectores y los alinean, evitando que los pines sufran daños al conectarse.

Con cierta frecuencia, y aunque de forma incorrecta, el conector DE-9 se denomina «conector DB-9». Esto se debe, probablemente, a su similitud con el conector DB-25, el cual es más ancho y se utiliza en impresoras de puerto paralelo y otras conexiones en serie más antiguas. La «B» o la «E» se refieren al tamaño de la carcasa del conector: DE-9 es el nombre correcto para este conector más pequeño.

Un adaptador moderno convierte un USB en RS-232, el cual utiliza un conector DE-9.

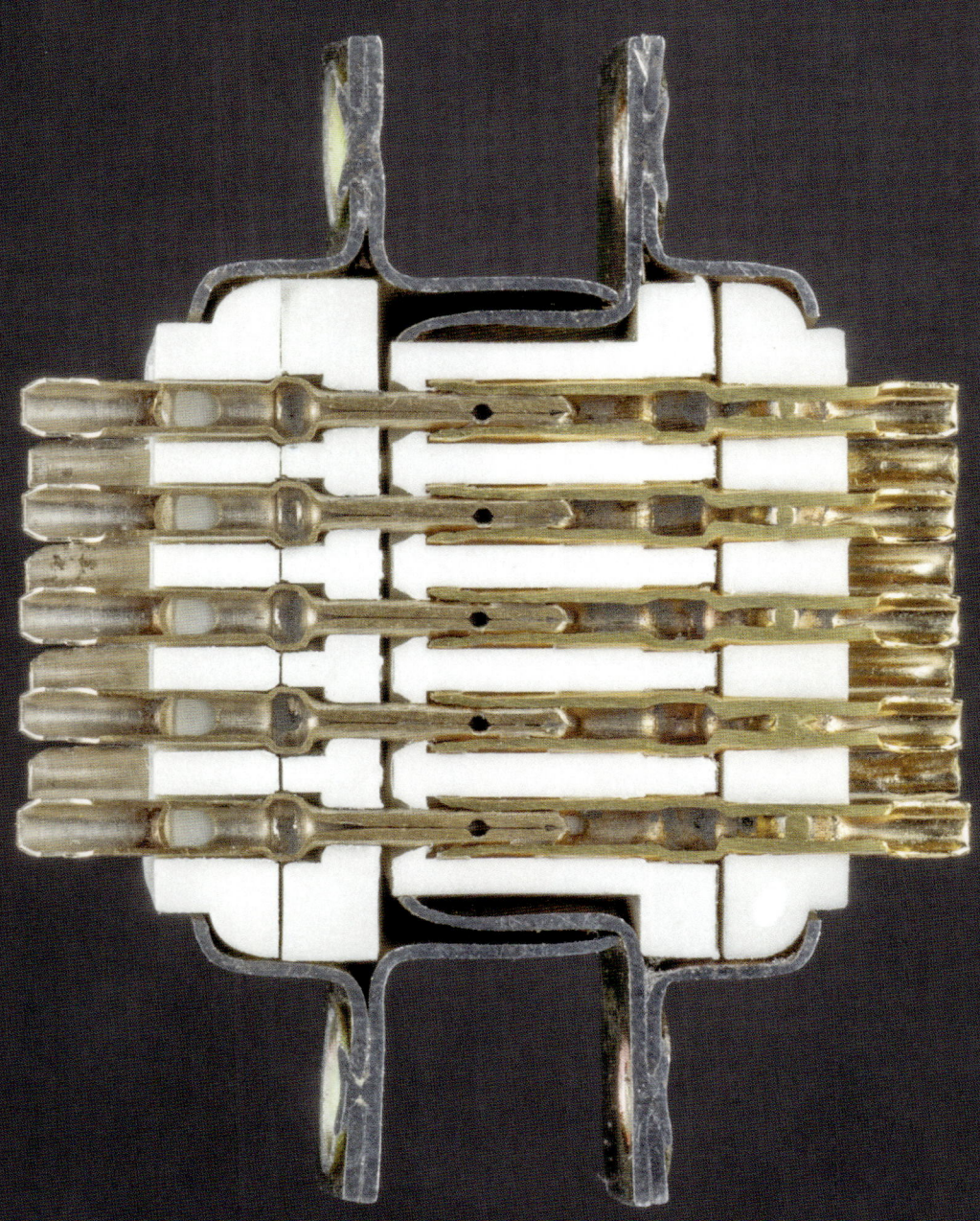

Sección transversal de un enchufe y un receptáculo. En la práctica, los cables estarían soldados a cada uno de los nueve terminales de cada lado.

Cable Ethernet de categoría 6

El **CABLE ETHERNET DE CATEGORÍA 6** (CAT6) cuenta con cuatro pares trenzados de cable de cobre. Estos cables comunes se utilizan en todo el mundo para transportar datos en redes locales e internet.

Los cables CAT6 mejoran las generaciones anteriores de cables, al agregar un espaciador interno de plástico en forma de X, que mantiene los pares de cables separados entre sí, reduciendo la fuga de señales entre dichos pares. Estos también poseen un blindaje de lámina de metal en su exterior, que reduce la interferencia de señales externas, así como un conducto de «drenaje» separado que ayuda a este blindaje.

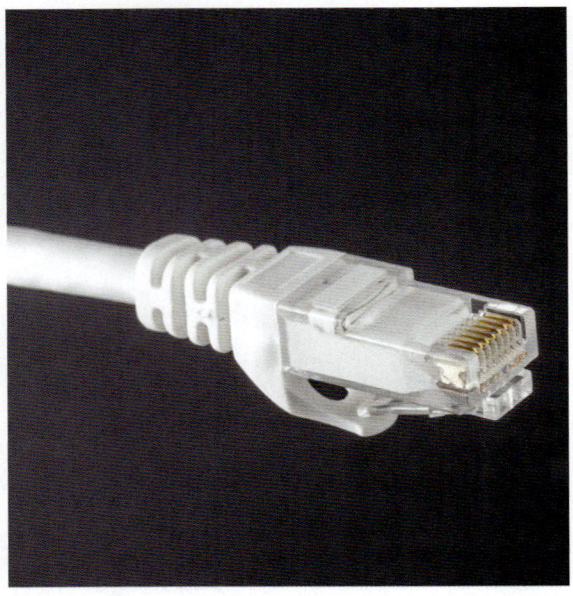

Cable SATA

Los **CABLES SATA** (del inglés, *serial AT attachment*) se utilizan en ordenadores para conectar las unidades de almacenamiento internas a la placa base. Cada cable contiene dos pares de cables **TWINAXIALES**. El primer par transporta los datos al disco duro, mientras que el segundo los transporta desde el disco duro.

Un cable twinaxial, o *twinax*, es similar a dos cables coaxiales pegados que comparten el mismo blindaje exterior. Las señales se transmiten con **SEÑALIZACIÓN DIFERENCIAL**, lo que significa que las señales están representadas por las diferencias de tensión entre los dos cables. Este sistema cancela, de forma eficaz, la mayor parte de las interferencias eléctricas, ya que este se suma por igual a ambos cables de señal.

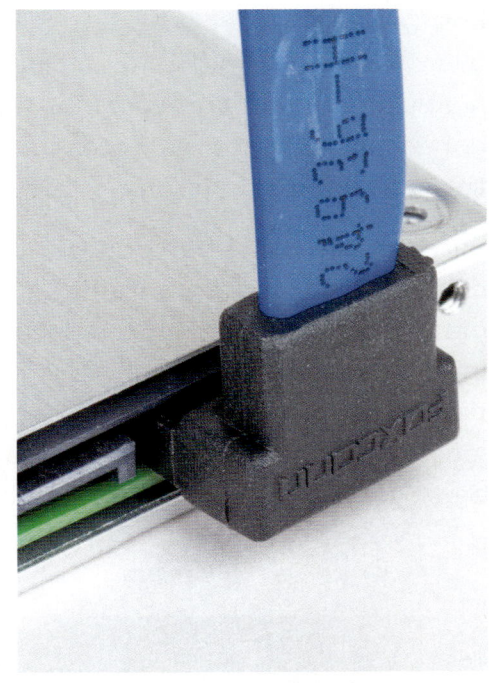

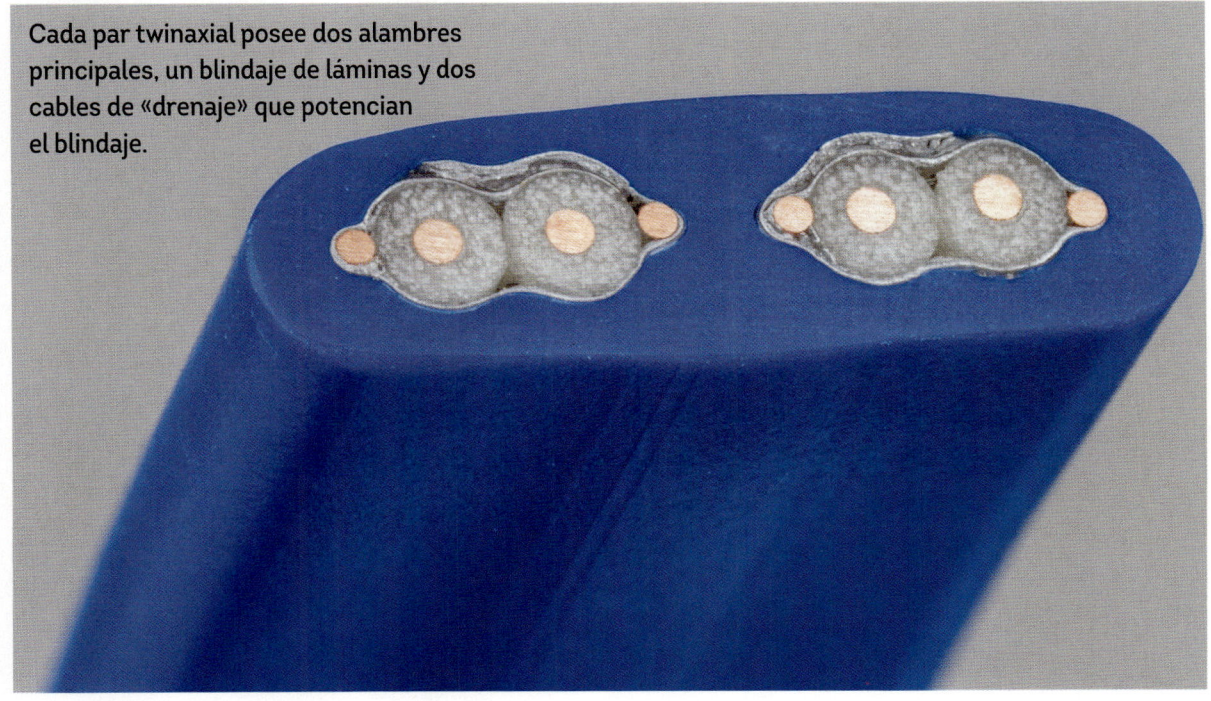

Cada par twinaxial posee dos alambres principales, un blindaje de láminas y dos cables de «drenaje» que potencian el blindaje.

Cable HDMI

Los **CABLES DE INTERFAZ MULTIMEDIA DE ALTA DEFINICIÓN** (HDMI, del inglés *high-definition multimedia interface*) conectan ordenadores y otros dispositivos de vídeo a monitores y televisores.

Este tipo de cable tiene cuatro pares de hilos trenzados apantallados independientes que transmiten datos, incluido el vídeo digital. El flujo de datos de vídeo se divide en cuatro flujos independientes de datos digitales en serie, uno por cada par de cables.

En el extremo del monitor de vídeo, los cuatro flujos se combinan y descodifican para generar la imagen.

Otros cables no apantallados transportan señales auxiliares de baja velocidad, con las cuales se identifican el modelo, la marca y la resolución de la pantalla, y permiten el control remoto del volumen y otros ajustes. Todo el cable está apantallado con capas de papel de aluminio y una trenza de cobre.

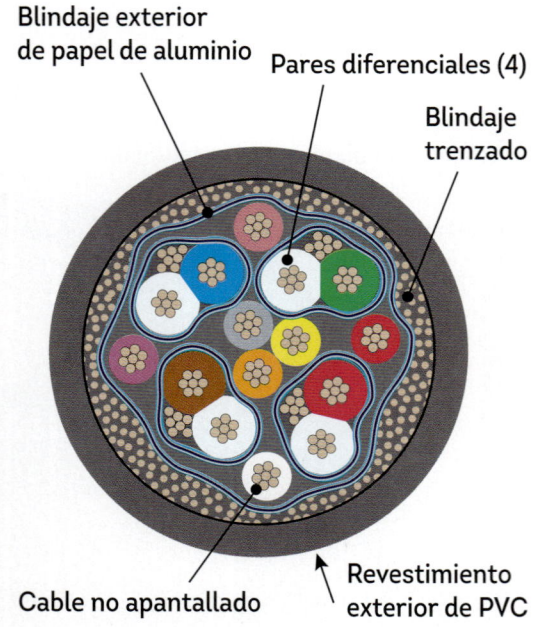

Blindaje exterior de papel de aluminio

Pares diferenciales (4)

Blindaje trenzado

Cable no apantallado

Revestimiento exterior de PVC

Cada par de señales está apantallado con una lámina de papel de aluminio y un cable de drenaje de cobre.

Cable VGA

Antes de que existieran los HDMI y el DisplayPort, en aquellos tiempos en los que se usaban vídeos analógicos, se utilizaban **CABLES DE MATRICES DE GRÁFICOS DE VÍDEO** (VGA, del inglés *video graphics array*), para llevar las señales de vídeo desde los ordenadores hasta los monitores.

Los VGA utilizan señales de vídeo analógicas formadas por tres señales eléctricas que representan los componentes de color rojo, verde y azul. Para los dos cables VGA que mostramos aquí, los fabricantes han codificado por colores

los tres cables coaxiales en miniatura que transmiten estas señales. Uno de los cables contiene también un pequeño cable coaxial gris para transmitir información de sincronización horizontal, pero el otro cable VGA utiliza un cable estándar con el mismo propósito.

Los cables VGA tienen otros cables, que se utilizan para otras señales de sincronización y para transmitir información auxiliar, por ejemplo, los datos con los que se identifica el monitor.

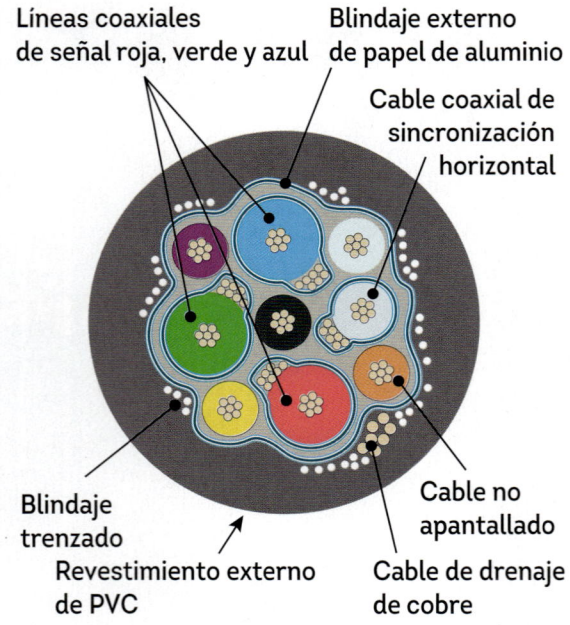

Líneas coaxiales de señal roja, verde y azul

Blindaje externo de papel de aluminio

Cable coaxial de sincronización horizontal

Blindaje trenzado

Revestimiento externo de PVC

Cable no apantallado

Cable de drenaje de cobre

El blindaje exterior de este cable es de aluminio, con un cable de drenaje de cobre trenzado.

En este cable, se utilizan tres cables coaxiales en miniatura fácilmente reconocibles por sus componentes rojos, verdes y azules.

Cable USB básico

Si ha utilizado recientemente un ordenador o ha cargado su teléfono móvil, probablemente haya usado un **CABLE USB**.

Cortar en dos un cable USB y su conector deja al descubierto un elevado número de detalles interesantes. El enchufe utiliza separadores aislantes, similares a los que hemos visto en un cable plano. Un par de diminutos dientes metálicos atraviesan el aislamiento de cada cable y establecen un contacto eléctrico con el cobre conductor de su interior.

Dentro del cable, podemos identificar dos cables de mayor tamaño de color rojo y negro, los cuales transportan la energía, y otros dos cables de señal más pequeños de color blanco y verde. Todos ellos son alambres de siete hilos, pero los más grandes están hechos de hebras de mayor tamaño, en vez de hebras adicionales. Las señales quedan blindadas por capas de papel de aluminio y un cable trenzado de aluminio, lo que evita interferencias. El revestimiento protector exterior está hecho de PVC.

Los cables USB están disponibles con distintos conectores. El de la foto es un cable USB-A para Micro-B.

La carcasa de este enchufe USB-A protege los pines de contacto revestidos en oro de su interior y guían el conector dentro del *jack*.

Un cable USB básico contiene solo unos pocos cables que emiten señales y energía. Los nuevos cables USB «de carga rápida» son mucho más complejos.

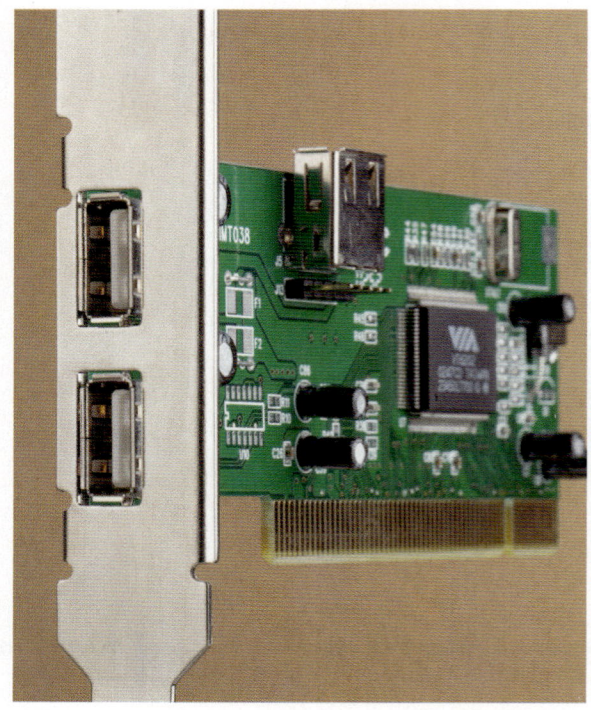

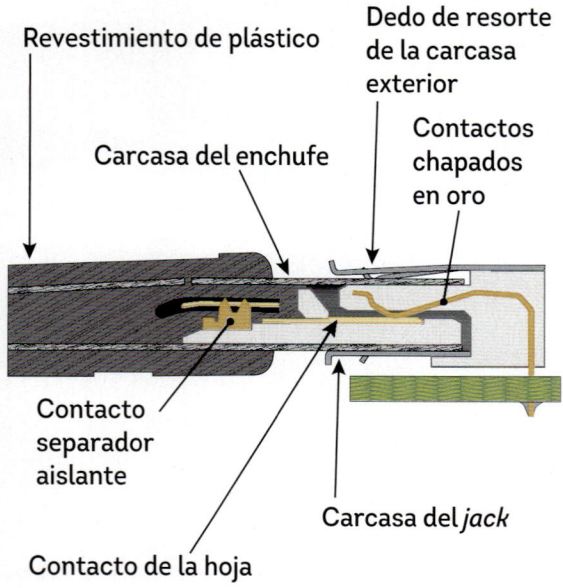

Revestimiento de plástico

Dedo de resorte
de la carcasa
exterior

Contactos
chapados
en oro

Carcasa del enchufe

Contacto
separador
aislante

Carcasa del *jack*

Contacto de la hoja

Jack USB

Los dedos de contacto chapados en oro del *jack* USB actúan como muelles, presionando firmemente contra los contactos planos de lámina de metal dentro del enchufe.

Los dedos de resorte en la carcasa exterior encajan en las hendiduras del enchufe, lo que evita que el cable se caiga después de enchufarlo. La sensación de «clic» que percibimos al conectar el cable proviene de estos dedos de resorte.

Si alguna vez le parece que necesita varios intentos para conectar un cable USB, es gracias a estos dedos de resorte: la primera vez ya lo había hecho bien; solo es que estaban un poco demasiado rígidos

La carcasa exterior del *jack* tiene unas bridas que ayudan a guiar la carcasa del enchufe hasta su sitio.

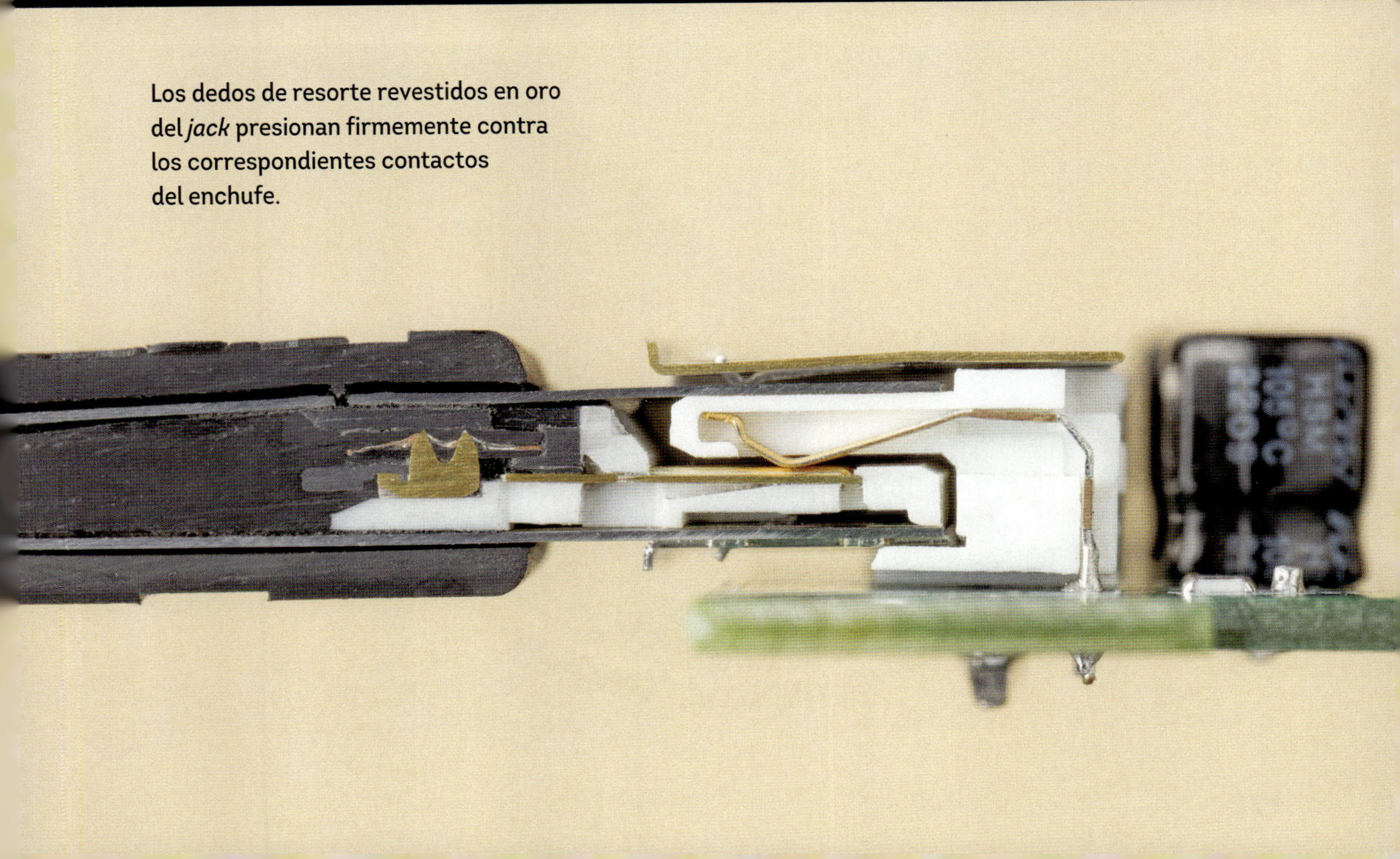

Los dedos de resorte revestidos en oro del *jack* presionan firmemente contra los correspondientes contactos del enchufe.

Cable USB de carga rápida

Un cable USB de carga rápida de alta gama de 10 gigabits por segundo es una pequeña, sublime y precisa obra de arte.

Resultan particularmente notables los ocho cables coaxiales apantallados en miniatura, cada uno de los cuales es de tan solo 1 milímetro de diámetro, con su propio envoltorio de aluminio codificado por colores. Cada par de cables coaxiales forma un «carril» de transmisión de datos de alta velocidad. Con un total de cuatro carriles, el cable USB puede transportar datos hasta 10 gigabits por segundo.

Cerca del centro, el cable tiene unos gruesos alambres rojos y negros que sirven para suministrar corriente a los dispositivos, así como un par de señales verdes y blancas apantalladas. En cierto sentido, estos forman un cable USB básico de gama baja integrado dentro del cable de carga rápida de gama alta, para que sea compatible con versiones anteriores.

Cuatro cables más pequeños cerca del blindaje exterior transportan señales auxiliares. Todo el cable está envuelto en un blindaje exterior de cobre trenzado para conseguir una inmunidad mejorada de las interferencias eléctricas.

Además de las conexiones eléctricas, este cable tiene un elemento de resistencia, una fibra fuerte como el kevlar, perfectamente reconocible como un área de color amarillo cerca del centro, entre los conductores de corriente rojos y negros.

Retrotecnología

Algunos de los componentes electrónicos más icónicos están, simple y llanamente, obsoletos. Los *flashes* de las cámaras han dejado paso a los ledes, los tubos Nixie han sido reemplazados (en todos los sentidos, menos el estético) por pantallas de siete segmentos y las pantallas digitales han sustituido a los contadores analógicos. Algunos de los elementos retro que examinaremos, como la memoria central, han estado fuera de uso durante décadas, mientras que otros, como las bombillas incandescentes, están al borde de la obsolescencia. Una excepción es el tubo de vacío, el cual todavía se continúa fabricando para su uso en amplificadores de guitarra.

Lámpara de neón

Las **LÁMPARAS DE NEÓN** contienen una pequeña cantidad del gas noble del mismo nombre. Cuando se aplica suficiente tensión entre los dos electrodos paralelos de la lámpara, el gas se ioniza y emite un resplandor naranja característico.

La envoltura exterior de vidrio mantiene los electrodos en su lugar y evita que se escape el gas de neón. La gota de vidrio de la punta indica el lugar donde se selló el envoltorio después de introducir el gas durante el proceso de fabricación.

Cuando se aplica una corriente continua a través de los conductores, solo se enciende el electrodo negativo (cátodo). Con corriente alterna, que varía entre polaridades positivas y negativas muchas veces por segundo, los electrodos se iluminan uno a uno. Debido a nuestra persistencia visual, parece que ambos electrodos estén encendidos.

Las lámparas de neón se utilizan a menudo como indicadores de corriente alterna; por ejemplo, en alargadores, interruptores de luz e interruptores de potencia.

En todo momento, se encuentra encendido solo un electrodo. Debido a su rápida alternancia, parece como si ambos lo estuvieran.

Esta lámpara de neón tiene unos 6 milímetros de diámetro. En su base puede leerse «GE», en referencia a General Electric.

Tubo Nixie

Antes de que las pantallas led de siete segmentos fueran habituales, los fabricantes usaban los característicos TUBOS NIXIE de neón para mostrar información numérica.

Como una lámpara de neón, el gas interior de un tubo Nixie se ioniza cuando los electrodos se conectan a una tensión alta. A diferencia de una lámpara de neón, cada electrodo negativo tiene la forma de un número. El brillo alrededor de cada dígito iluminado es lo bastante amplio como para que los electrodos se puedan apilar en una matriz compacta sin ocluirse entre sí. El tubo Nixie que se muestra aquí tiene dos ánodos: la rejilla hexagonal frente a los dígitos y la cubierta trasera de metal sólido detrás de ellos.

Aunque los fabricantes originales de los tubos Nixie cerraron sus fábricas hace décadas, hay tanta gente a la que le encanta el familiar brillo naranja de esta tecnología única de pantalla que algunas empresas recientes han vuelto a empezar a fabricar tubos Nixie.

Este contador Fairchild 7100, aproximadamente de 1966, tiene una pantalla de tubo Nixie con lámparas de neón adicionales para decimales y unidades.

Un tubo Nixie ZM1030 cuenta con un revestimiento naranja para aumentar el contraste de la pantalla.

Dentro de un tubo Nixie

Sin la envoltura de vidrio del tubo Nixie ni la rejilla de ánodo frontal hexagonal, podemos ver los cátodos con forma en el interior. Los dígitos están apilados y separados por arandelas cerámicas aislantes.

Este tubo Nixie tiene menos pines que dígitos. Los números impares están en la mitad frontal y se iluminan a través de la rejilla del ánodo frontal. Los números pares están en la mitad trasera y se iluminan a través del ánodo trasero, la carcasa

de metal negro detrás de los dígitos. Los cátodos están cableados juntos por pares, de tal manera que (por ejemplo) los dígitos 0 y 1 están conectados juntos, pero solo uno de ellos se enciende a la vez, según el ánodo que esté activo.

Una pantalla transparente de alambre de tungsteno increíblemente fino, de unos 0,01 milímetros de grosor, se extiende por el tubo entre las mitades frontal y trasera para mantener la influencia de cada ánodo limitada a su mitad.

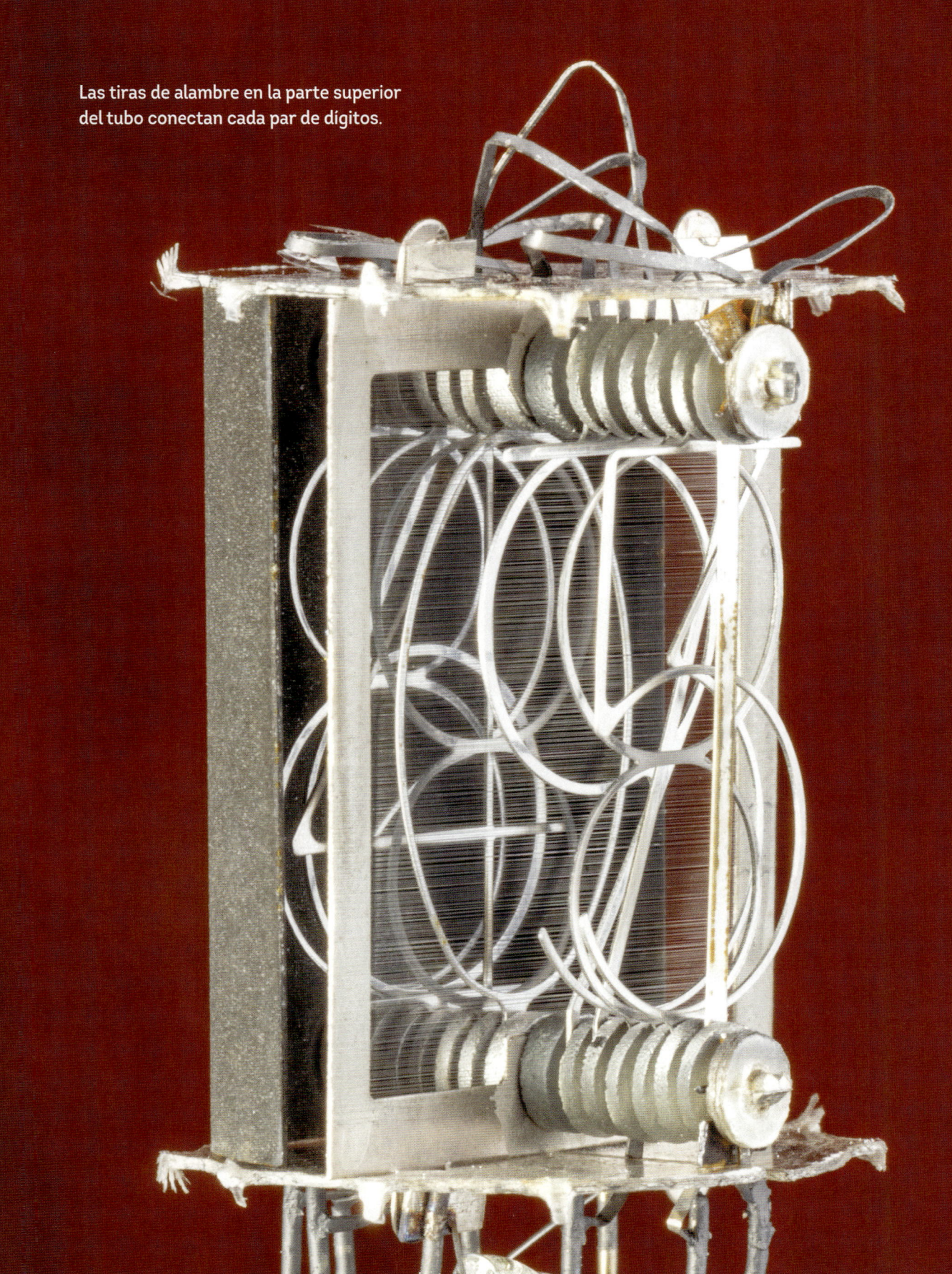

Las tiras de alambre en la parte superior del tubo conectan cada par de dígitos.

Tubo de vacío 12AX7

Conocido por los entusiastas del audio y los guitarristas de todo el mundo, el icónico TUBO DE VACÍO 12AX7 no ha dejado de amplificar señales desde la década de los cuarenta.

En la sección transversal, podemos ver inmediatamente que, en su interior, hay dos copias de lo mismo: el 12AX7 es un tubo de vacío de DOBLE TRIODO, que puede amplificar dos señales a la vez. Cada uno de los dos TRIODOS tiene tres elementos: el CÁTODO, la REJILLA de alambre y la PLACA exterior. Debajo hay una arandela de mica, que aísla y sostiene los elementos.

Cuando está en funcionamiento, los cátodos se calientan mediante diminutos filamentos resistivos, los cuales emiten el característico resplandor cálido de los tubos de vacío. Los electrones emitidos por el cátodo fluyen hacia la placa, pero pueden ser repelidos por una pequeña tensión aplicada a la rejilla. De este modo, las pequeñas señales aplicadas a la rejilla se pueden amplificar en una salida mayor en la placa.

El vacío en el tubo permite que los electrones fluyan libremente, sin interactuar con las moléculas de aire.

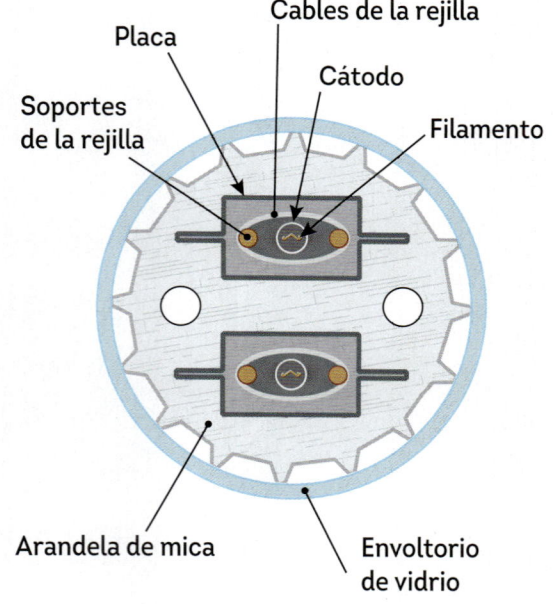

Placa

Cables de la rejilla

Cátodo

Soportes de la rejilla

Filamento

Arandela de mica

Envoltorio de vidrio

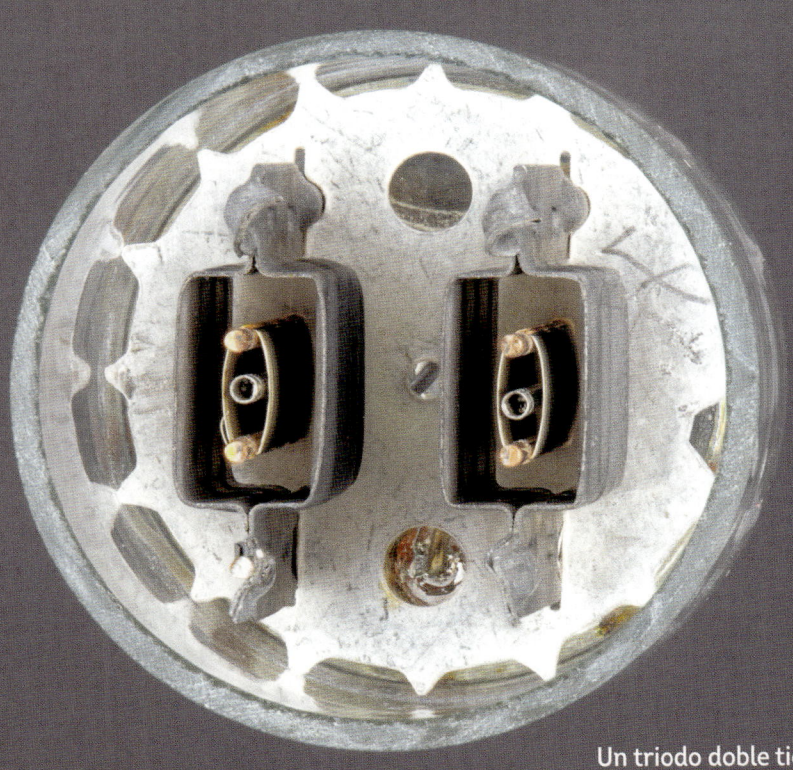

Un triodo doble tiene en su interior dos copias de la estructura principal.

Para la foto, se retiró la parte superior de este tubo de vacío, así como una segunda arandela de mica de soporte.

Pantalla fluorescente de vacío

Una **PANTALLA FLUORESCENTE DE VACÍO** o VFD (del inglés, *vacuum fluorescent display*) es un tipo especial de tubo de vacío para mostrar información.

A pesar del auge de las pantallas de siete segmentos, los VFD todavía se utilizan mucho en pantallas de automóviles y electrodomésticos.

Los VFD, unos tubos de vacío delgados y anchos con caras planas de vidrio, son dispositivos de bajo voltaje, esencialmente tubos de vacío de triodo, como los 12AX7, pero con placas de ánodo recubiertas con fósforo. Los cátodos son un conjunto de seis alambres de filamentos calentados muy finos que se ensartan firmemente en la parte frontal de la pantalla. Debajo de los cátodos, hay rejillas de control grabadas en láminas de metal muy delgadas y, debajo de ellos, se encuentran las placas de ánodo recubiertas de fósforo que forman los elementos que se ven en pantalla.

Los filamentos liberan electrones. Cuando se aplica tensión a un determinado ánodo recubierto de fósforo, este atrae electrones y emite el tan conocido resplandor verde fluorescente.

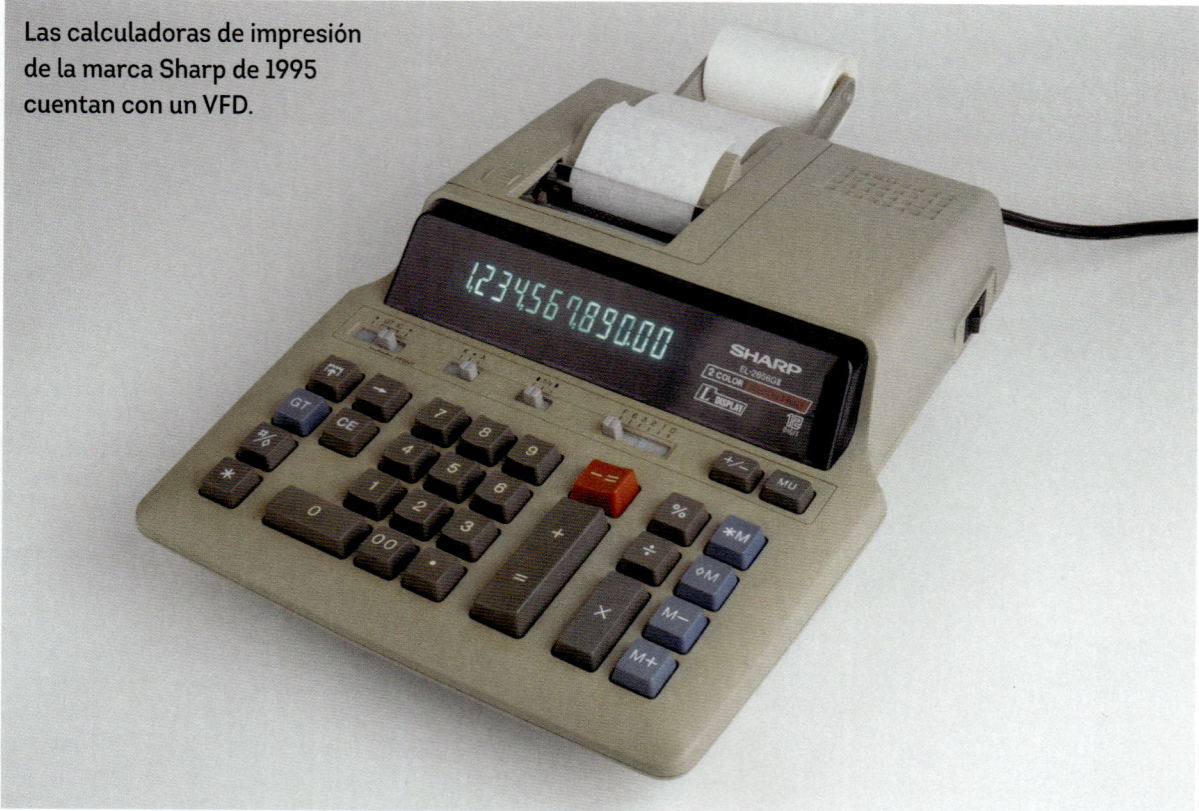

Las calculadoras de impresión de la marca Sharp de 1995 cuentan con un VFD.

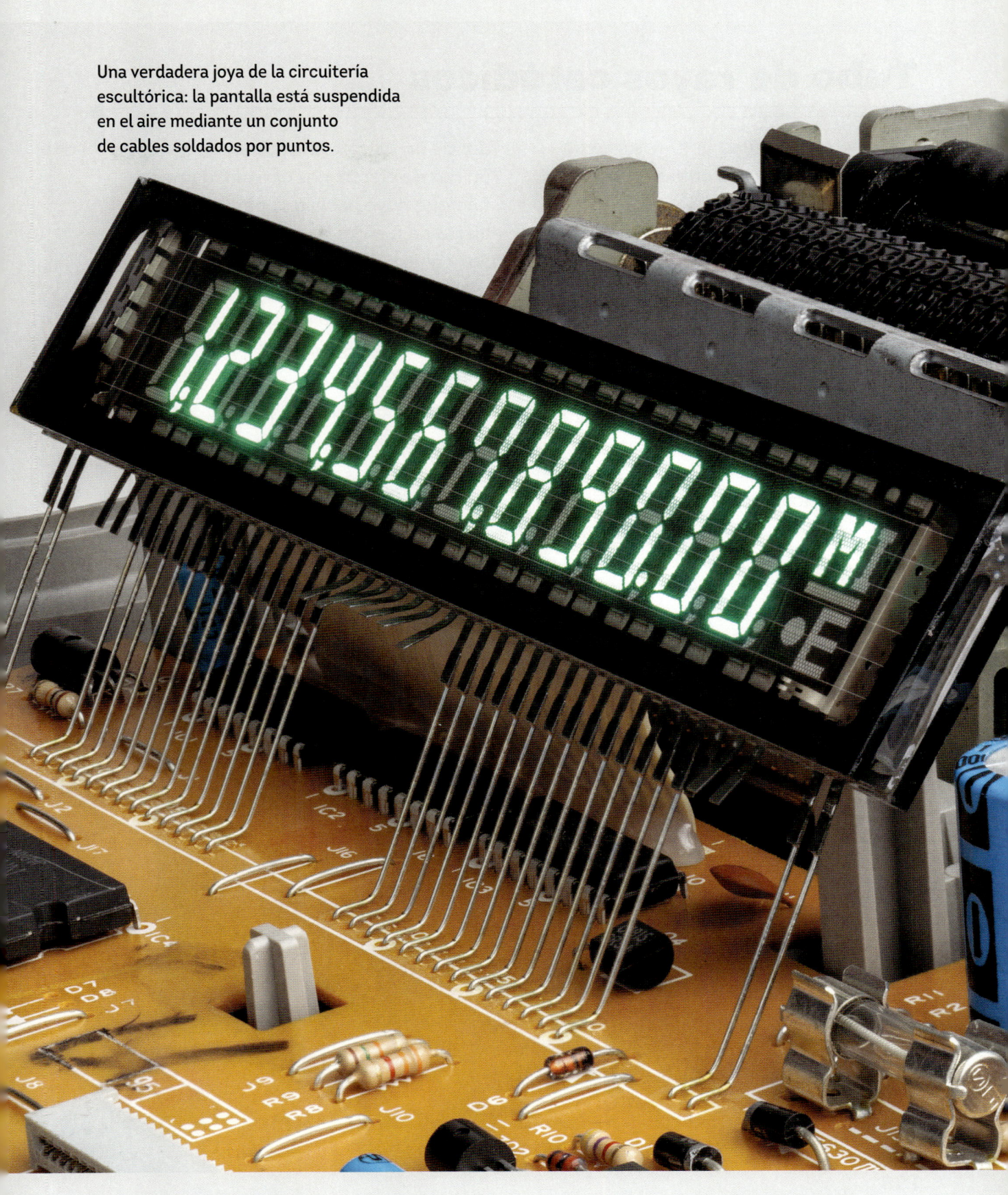

Una verdadera joya de la circuitería escultórica: la pantalla está suspendida en el aire mediante un conjunto de cables soldados por puntos.

Tubo de rayos catódicos

Hace tiempo, el TUBO DE RAYOS CATÓDICOS o CRT (del inglés, *cathode-ray tube*) era la pantalla de todos los televisores y monitores de ordenador. El nombre es una invención histórica que se refiere a los «rayos» emitidos por un cátodo calentado; ahora llamamos a esos rayos «electrones».

Los CRT generan imágenes mediante el mismo proceso que acabamos de ver para la pantalla fluorescente de vacío, es decir, mediante electrones que golpean un fósforo en el vacío. Concretamente, un tubo de rayos catódico es un tubo de vacío donde un CAÑÓN DE ELECTRONES genera un haz de electrones extremadamente fino que fluye hacia una pantalla recubierta de fósforo, que brilla donde dicho haz golpea. Los electroimanes alrededor del tubo dirigen el haz por toda la pantalla para construir una imagen completa línea a línea, como alguien que corta el césped metódicamente.

El CRT en blanco y negro que examinamos aquí es bastante pequeño, del tipo que se usa para los visores de las cámaras de vídeo.

Este visor CRT es de una videocámara JVC de los años noventa.

El CRT redondo dentro del visor está rodeado por un yugo magnético. Un conector lleva las señales eléctricas hasta los pines del tubo.

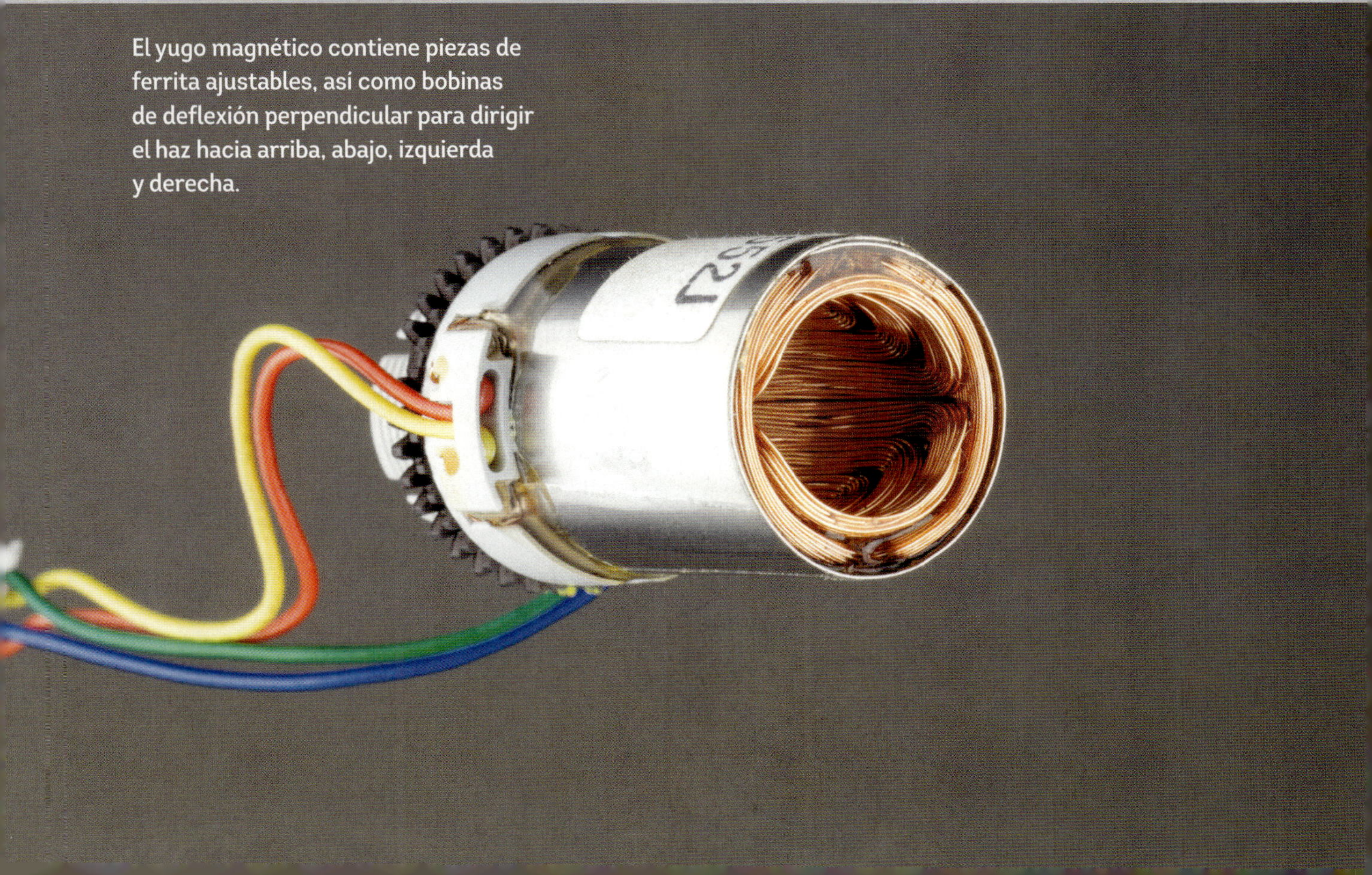

El yugo magnético contiene piezas de ferrita ajustables, así como bobinas de deflexión perpendicular para dirigir el haz hacia arriba, abajo, izquierda y derecha.

El filamento en espiral se estira a través, y justo a la derecha, del hueco entre los dos cables en el centro de esta foto.

Dentro del CRT

En el núcleo del CRT hay un cañón de electrones, un componente especializado de tubo de vacío que produce un haz concentrado de electrones.

Todo comienza con un filamento calentado. Para este diminuto CRT, el filamento está hecho de alambre ultrafino de aproximadamente 0,01 milímetros de diámetro. El alambre se enrolla y se estira a lo largo de un espacio

de 0,7 milímetros, aproximadamente el grosor de siete hojas de papel. El filamento caliente arroja electrones, que luego se concentran y aceleran hacia la pantalla usando altas tensiones aplicadas a una serie de electrodos en forma de copa. Cuando los electrones salen del cañón, el yugo magnético los desvía hacia las posiciones correctas en la pantalla de fósforo.

La parte frontal del tubo es una superficie plana, recubierta por dentro con fósforo.

En la sección transversal, podemos ver todas las partes del CRT, desde el cañón de electrones a la izquierda hasta la pantalla de fósforo a la derecha.

Interruptor de inclinación de mercurio

En el más simple de los interruptores, una pequeña gota de mercurio metálico líquido conductor puede completar un circuito eléctrico, al hacer contacto con sus dos electrodos, pero solo cuando el dispositivo está en posición vertical. Cuando se inclina hacia abajo, el mercurio se desprende de los electrodos y abre el circuito.

Estos interruptores ya no están disponibles, debido a la toxicidad del mercurio, pero hace años se podían encontrar en dispositivos electromecánicos simples. El interruptor de mercurio estaba fijo al final de una tira bimetálica enrollada. Al calentar o enfriar dicha tira, el interruptor de mercurio giraba hasta que, a una temperatura establecida, se cerraba, al tiempo que se encendía el calentador o el aire acondicionado.

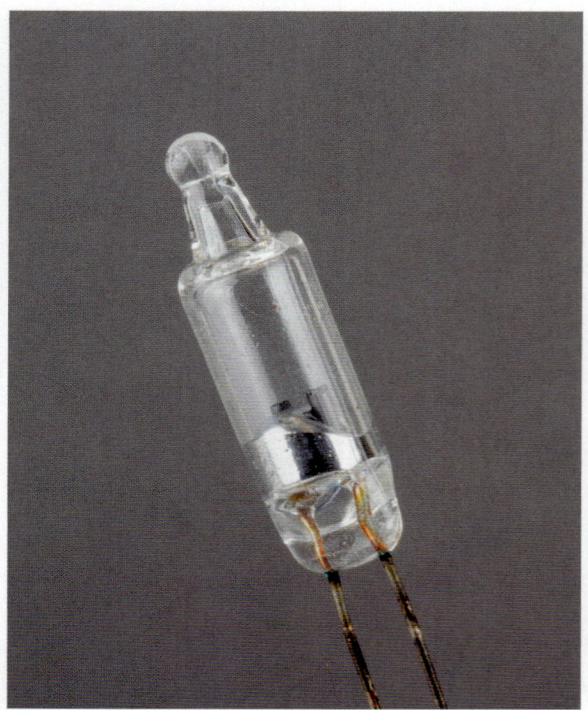
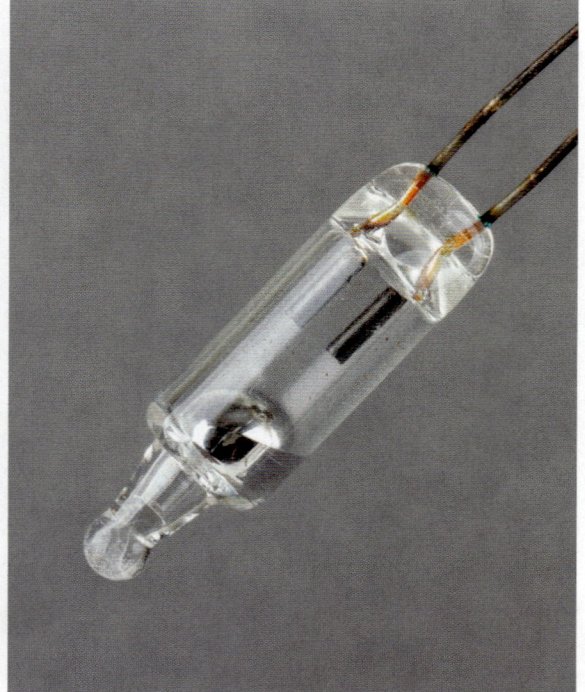

Resistencias bobinadas clásicas

Las resistencias de carbono pequeñas no soportan mucha potencia; al superar unos cuantos vatios, se sobrecalientan y la frágil capa de carbono se desintegra. Como vimos en la página 19, las resistencias de potencia más grandes están hechas de alambre resistivo bobinado y encapsuladas en envoltorios de cerámica que pueden soportar altas temperaturas. Las dos resistencias bobinadas que se muestran aquí son diseños clásicos que datan de hace casi un siglo, aunque actualmente todavía se fabrican en diferentes versiones.

La **RESISTENCIA TUBULAR DE ESMALTE VÍTREO** es un estilo clásico de resistencia de potencia bobinada robusta y de bajo coste. Las de este tipo, sin esmalte en el lateral, se pueden utilizar con una pinza, para que actúen como un potenciómetro rudimentario.

La **RESISTENCIA DE TARJETA DE MICA** se utiliza para circuitos muy estables que necesitan funcionar dentro de un amplio rango de valores de disipación de energía. Tiene una longitud de alambre resistivo fino que se puede calibrar con precisión, enrollado muchas veces sobre una forma de mica tolerante al calor.

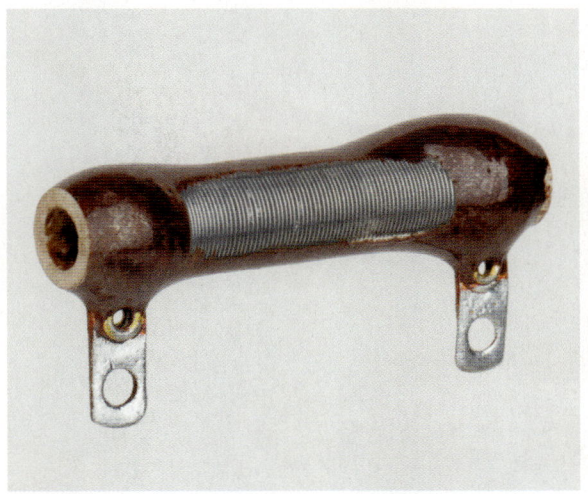

Resistencia tubular de esmalte vítreo.

Resistencia de tarjeta de mica.

Resistencia de composición de carbono

Las **RESISTENCIAS DE COMPOSICIÓN DE CARBONO** se encuentran a menudo en dispositivos electrónicos antiguos, como equipos de radio. El elemento resistivo es una «composición» de carbono, a lo que más comúnmente nos referimos como **COMPUESTO**. Al inicio, es una pasta espesa hecha de polvo de carbono conductor, arcilla cerámica no conductora y una resina aglutinante.

Después del proceso de curado, el compuesto tiene el aspecto de un suelo de terrazo. Los pálidos granos de arcilla destacan sobre la oscura resina carbonatada. La capa exterior está moldeada a partir de una resina **FENÓLICA** como la baquelita.

Observe cómo se distorsiona el grano compuesto cerca de los extremos de los cables de conexión. Esto se debe a que, antes del proceso de curado, los alambres se introducen en la pasta mientras esta está blanda.

Las resistencias de composición de carbono ocupan un lugar destacado en la placa del circuito principal de este amplificador de guitarra a válvulas de los años sesenta.

Condensador Cornell Dubilier 9LS

El material dieléctrico de este condensador de la década de los veinte es mica, un mineral natural que puede ser tan transparente como el vidrio. La mica es un aislante eléctrico que se puede dividir fácilmente en láminas paralelas de espesor uniforme.

Los electrodos del condensador están formados por placas de metal blando. Para aumentar la capacidad eléctrica, se apilan varias capas de placas de metal y láminas de mica alternas. Este «sándwich» se comprime fuertemente y se impregna con un compuesto aislante antes de fijarse a los insertos roscados que actúan como puntos de contacto. Finalmente, todo el conjunto se moldea en baquelita, para que los frágiles componentes internos queden bien protegidos.

W. DUBILIER.
CONDENSER AND METHOD OF MAKING THE SAME.
APPLICATION FILED OCT. 30, 1918.

1,345,754.   Patented July 6, 1920.

Fig.1.

Inventor
William Dubilier

El cableado metálico de cada extremo del condensador se enrolla alrededor de los bornes de los tornillos para realizar una conexión eléctrica.

En perspectiva escorzada, podemos ver las capas interdigitadas de este condensador: unas capas plateadas brillantes separadas por capas de mica más oscuras.

Condensador de mica de plata sumergida

En lugar de utilizar placas de metal blando y láminas de mica separadas, en este **CONDENSADOR DE MICA PLATEADA**, inventado sobre la década de los cincuenta, se utiliza un proceso de recubrimiento especial mediante el cual se deposita plata sobre la superficie de la mica aislante. Al igual que con el condensador de Cornell Dubilier, para obtener más capacitancia, se apilan varias láminas enchapadas.

Las capas delgadas de lámina metálica situadas entre las láminas de mica conectan los electrodos plateados a las dos abrazaderas metálicas grandes de color bronce engarzadas en la pila. El condensador completo se encapsula en una resina fenólica para que quede protegido.

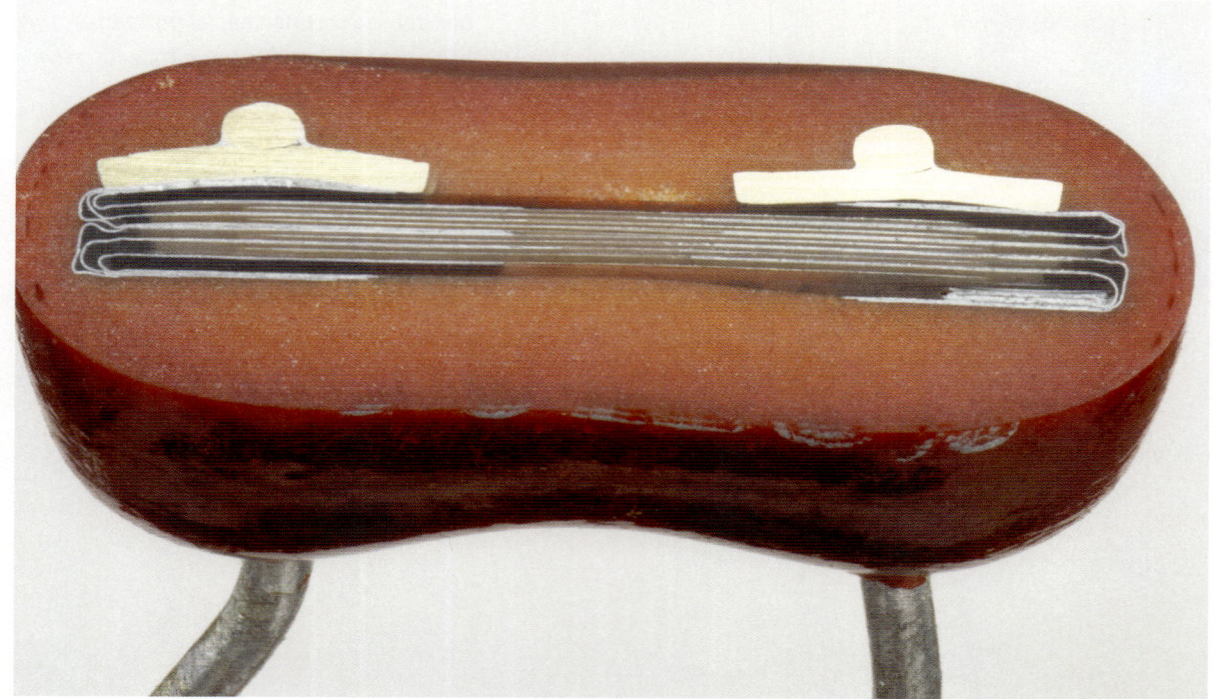

Condensador cerámico multicapa axial

En la página 36, examinamos un condensador cerámico multicapa que se monta
directamente sobre una placa de circuito
impreso. Durante un tiempo, los MLCC
también estaban disponibles blindados
dentro de diminutos tubos de vidrio con
cables adjuntos, para que pudieran instalarse soldando los cables en los orificios
pasantes enchapados de una placa de
circuito, como un diodo o una resistencia
axial ordinaria.

La envoltura de vidrio, las conexiones y las
técnicas de blindaje utilizadas en este caso
son similares a las utilizadas para los diodos encapsulados en vidrio de la página 66.

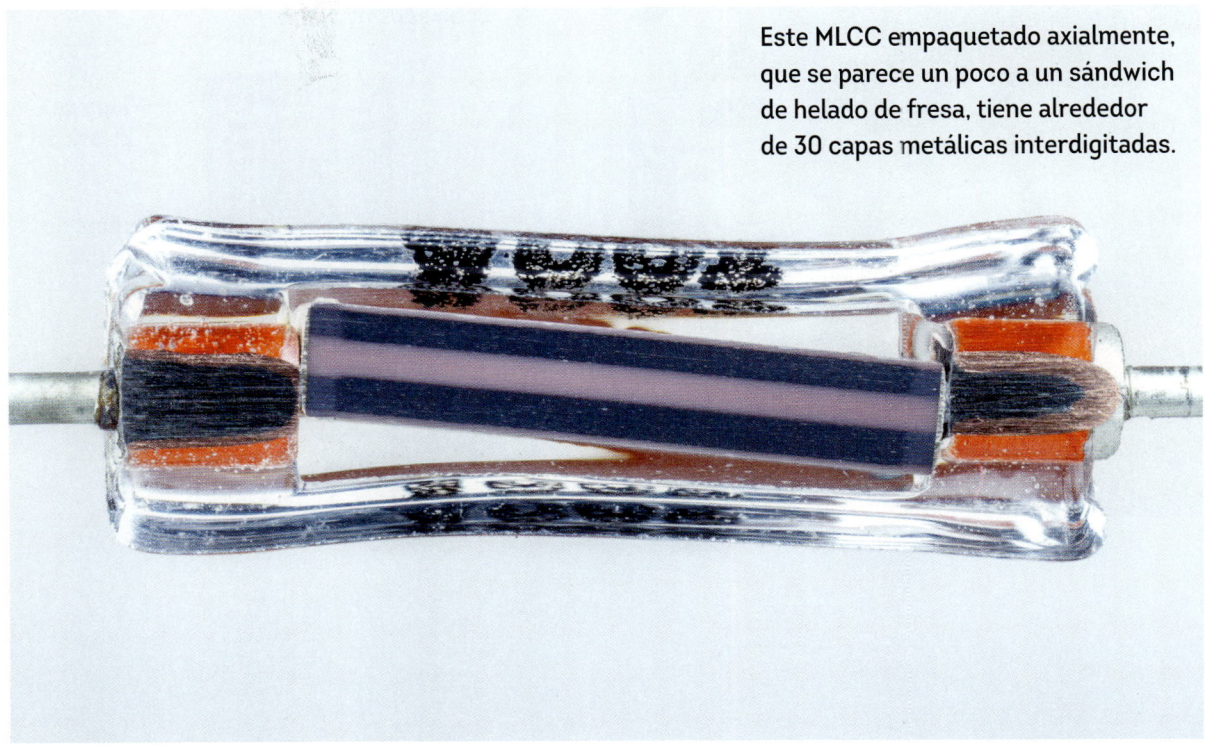

Este MLCC empaquetado axialmente,
que se parece un poco a un sándwich
de helado de fresa, tiene alrededor
de 30 capas metálicas interdigitadas.

Transformador FI

Un **TRANSFORMADOR FI**, abreviatura de «frecuencia intermedia», es un inductor sintonizable que, a menudo, tiene un condensador integrado. En su día fueron muy populares en televisores y radios, como la placa de circuito impreso de radiotransistor de los años sesenta de la foto.

La inductancia de un inductor depende del tipo y la posición de su núcleo magnético, y el núcleo del transformador FI es una barra de ferrita móvil con forma de tornillo. A medida que se gira la barra, utilizando una herramienta de plástico especial para no romper la delicada ferrita, se mueve hacia arriba o hacia abajo dentro de los bobinados del inductor. Este movimiento cambia las características del transformador FI y ajusta la respuesta del circuito que lo utiliza. Tener un condensador integrado permite al diseñador del circuito ahorrarse un componente externo.

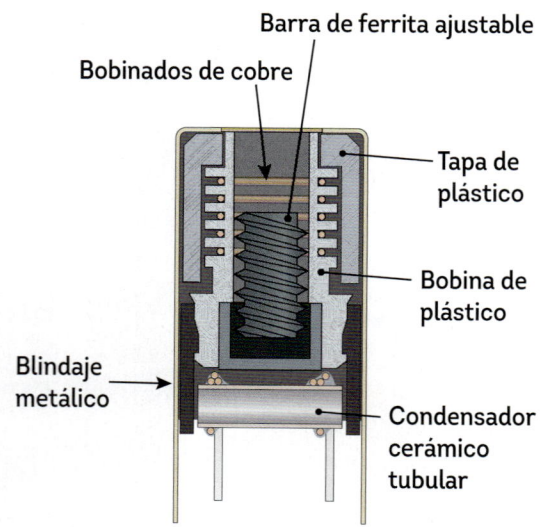

Barra de ferrita ajustable

Bobinados de cobre

Tapa de plástico

Bobina de plástico

Blindaje metálico

Condensador cerámico tubular

El tubo plateado cortado en la parte inferior del transformador FI es un condensador cerámico tubular de estilo antiguo, común en la década de los sesenta.

Bombilla de luz incandescente

La **BOMBILLA INCANDESCENTE** es la bombilla clásica, donde un filamento de tungsteno caliente brilla simplemente porque está caliente. Estas bombillas no son particularmente eficientes como fuentes de luz, porque gran parte de su potencia de salida se libera en forma de calor, en lugar de luz, razón por la cual ahora están siendo reemplazadas por ledes.

El filamento de la bombilla, a primera vista o incluso con un aumento moderado, parece ser una simple bobina de alambre. Sin embargo, si aumentamos la imagen considerablemente, vemos que se trata de una bobina enrollada de alambre mucho más fino.

Los extremos del filamento están lo suficientemente fríos como para no brillar, en parte porque los dos soportes verticales actúan como disipadores de calor, absorbiendo el calor de los extremos del filamento.

Encender una bombilla genera un pulso térmico, lo que ejerce mucha presión sobre el filamento. Esta es la razón por la cual las bombillas se suelen fundir justo cuando accionamos el interruptor.

En las primeras bombillas, se utilizaba una fina hebra de carbono como filamento. Pronto fue reemplazada por un filamento de tungsteno, que dura más y es más barato de fabricar.

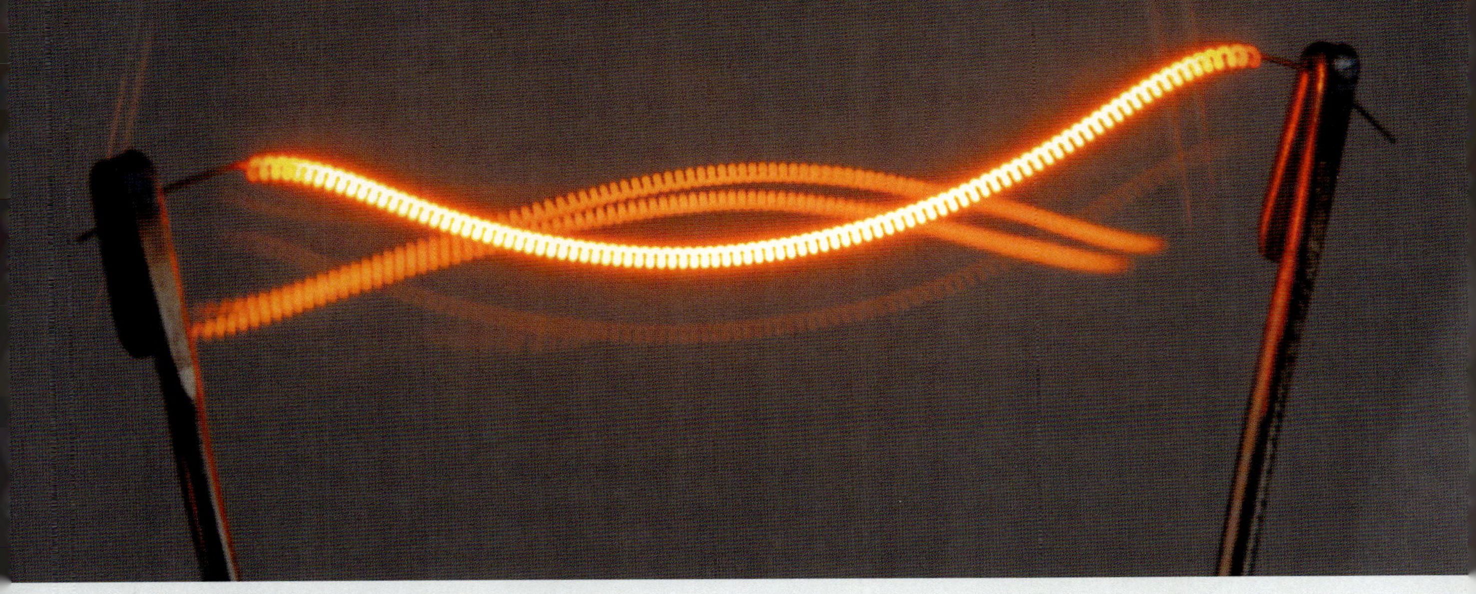

El filamento es una bobina enrollada de alambre de tungsteno muy fino.

Flash de bombilla

Mientras que las bombillas incandescentes están diseñadas para durar el mayor tiempo posible antes de quemarse, los *FLASHES* DE BOMBILLA de un solo uso fueron diseñados para apagarse en el *mismo instante* en que se encendían por primera vez, el tiempo suficiente para exponer la película fotográfica para esa toma glamurosa.

En lugar de un filamento de tungsteno, los *flashes* de bombilla contenían cintas, alambres o láminas de magnesio, encapsulados en un envoltorio de vidrio lleno de oxígeno. Al aplicar un pulso de voltaje, el magnesio se calentaba y se encendía, quemándose muy rápidamente en la atmósfera rica en oxígeno y emitiendo un brillante destello de luz bastante más largo que los *flashes* de las cámaras modernas..

El revestimiento exterior de plástico azul de estas bombillas filtraba la luz de salida y reforzaba el envoltorio de vidrio.

Estos *flashes* de bombilla Press 25B tenían, aproximadamente, 25 milímetros de diámetro y se presentaban en maravillosas cajas de 12 unidades.

Este *flash* tiene una base de estilo bayoneta para cambios rápidos en la unidad de *flash* de una cámara.

Fotorresistencia

Una **FOTORRESISTENCIA** se conoce con otros muchos nombres: **FOTOCONDUCTOR**, **CÉLULA FOTOELÉCTRICA**, o **RESISTENCIA DEPENDIENTE DE LA LUZ** (LDR, del inglés light dependent resistor). Se trata de un elemento de circuito que actúa como una resistencia, aunque su valor resistivo cambia dependiendo de la cantidad de luz que incide sobre ella.

Las fotorresistencias están hechas de un sustrato cerámico recubierto con sulfuro de cadmio (CdS) o seleniuro de cadmio (CdSe). Los electrodos metálicos se colocan en la parte superior en un patrón interdigitado distintivo. La línea ondulada central es el espacio largo y estrecho entre los dos electrodos, que expone el compuesto de cadmio que hay debajo.

El compuesto de cadmio puede ser amarillo o rojo brillante. Los CdS y CdSe también se conocen como «pigmentos artísticos amarillo cadmio» y «rojo cadmio». Ambos compuestos cambian su resistividad con la presencia de luz.

Los compuestos de cadmio son tóxicos y las fotorresistencias como estas están siendo eliminadas gradualmente a favor de los sensores de luz de silicio.

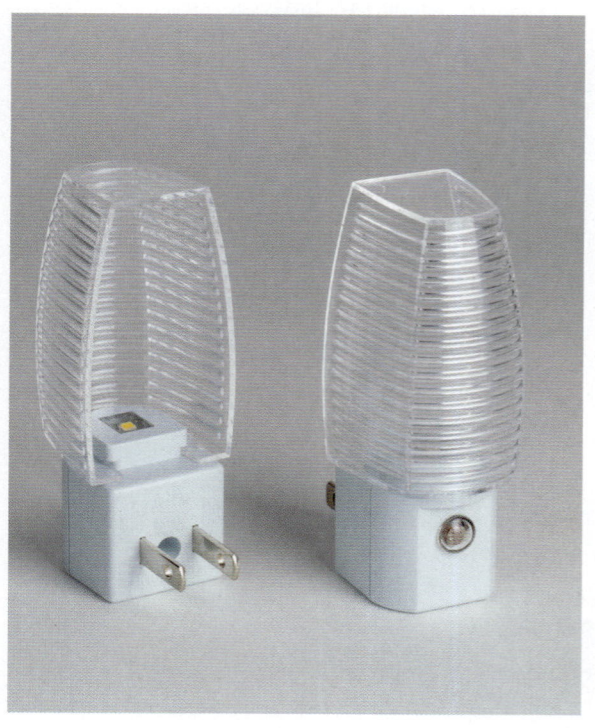

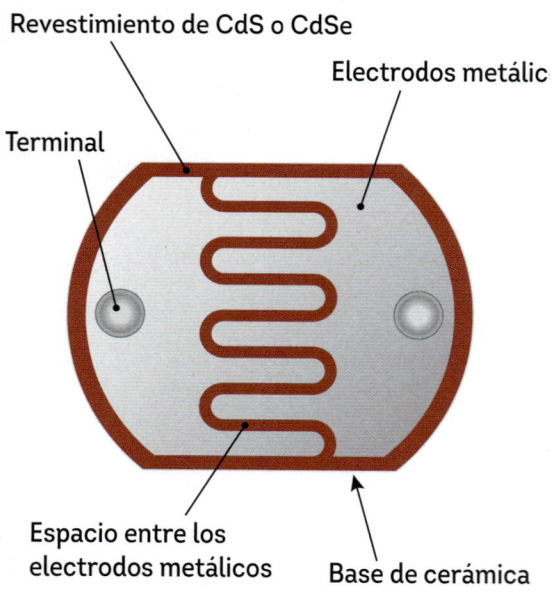

Revestimiento de CdS o CdSe

Electrodos metálic

Terminal

Espacio entre los electrodos metálicos

Base de cerámica

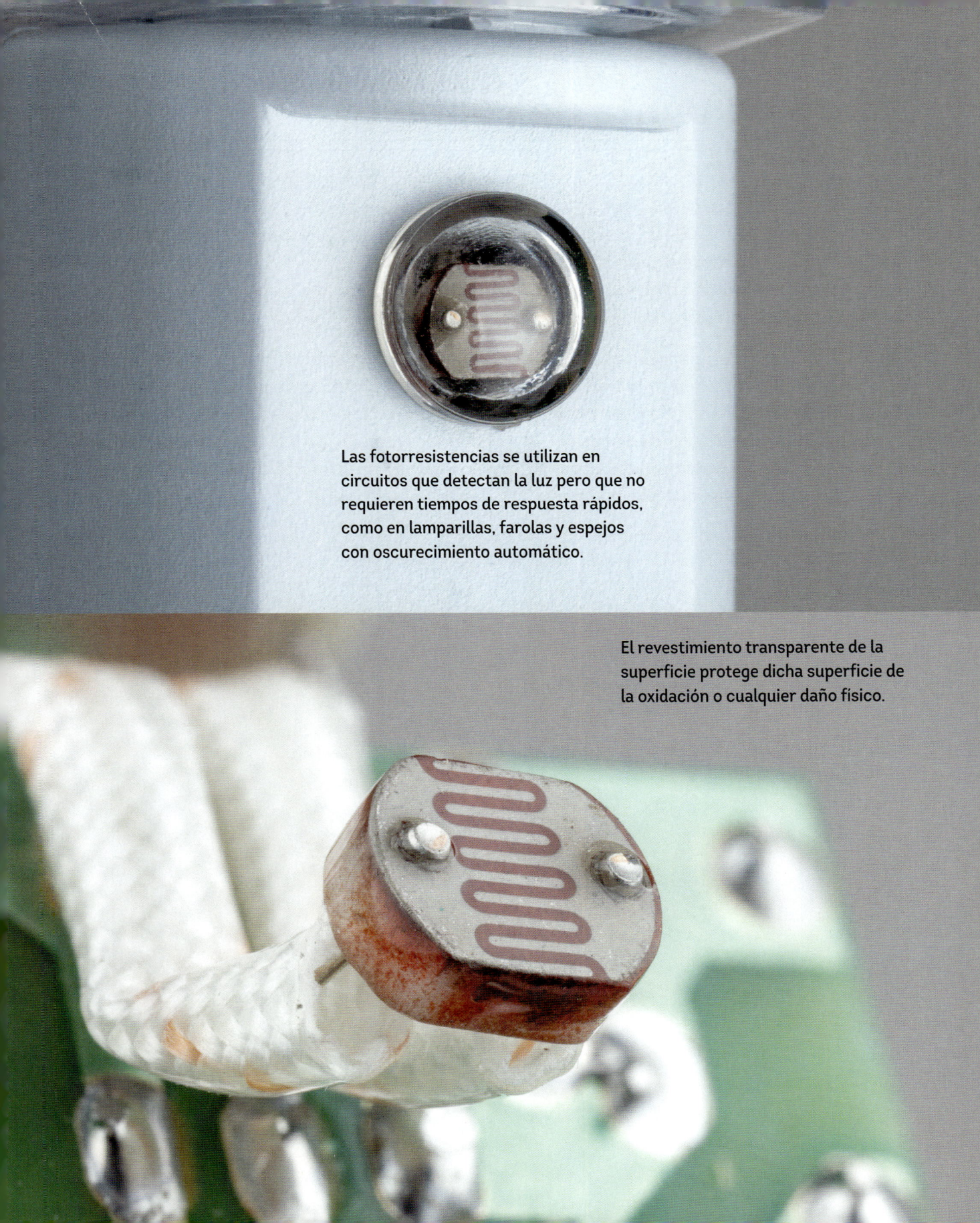

Las fotorresistencias se utilizan en circuitos que detectan la luz pero que no requieren tiempos de respuesta rápidos, como en lamparillas, farolas y espejos con oscurecimiento automático.

El revestimiento transparente de la superficie protege dicha superficie de la oxidación o cualquier daño físico.

Diodo de punta de contacto

Un **DIODO DE PUNTA DE CONTACTO**, a veces llamado **DETECTOR DE BIGOTES DE GATO** o **DIODO DE CRISTAL**, se puede formar cuando un alambre de metal muy fino (el «bigote») entra en contacto con un fragmento de cristal semiconductor.

Este tipo de diodo en particular tiene un alambre de acero que entra en contacto con un fragmento de galena, un mineral de sulfuro de plomo natural semiconductor. La posición del alambre es ajustable, para que pueda entrar en contacto con diferentes puntos del cristal, lo que permite al usuario buscar las zonas de la superficie con mejor rendimiento.

Podemos construir un receptor de radio AM rudimentario, simplemente, con un diodo de punta de contacto como este, un trozo de cable que haga de antena y un auricular. No necesita baterías, pues una **RADIO DE GALENA** se alimenta directamente con las ondas de radio que recibe.

Diodo de germanio

El **DIODO DE GERMANIO** clásico se puede encontrar en equipos de radio de galena todavía hoy día, pero ha sido reemplazado en gran medida por diseños de diodos más modernos. Se trata de un diodo de punta de contacto donde el semiconductor es una pieza de germanio, en lugar de la galena o el silicio que se encuentra en otros tipos de diodos.

Por fuera, es muy similar a los otros diodos encapsulados en vidrio que vimos en la página 66. En el interior, un pequeño cuadrado gris de germanio está soldado sobre el cátodo de cobre.

En este diodo, el «bigote de gato» es un alambre fino de oro con forma de muelle y una punta extremadamente fina. El alambre está soldado al cable del ánodo y se inserta en el envoltorio de vidrio, hasta entrar en contacto con el germanio. Después, se hace pasar una corriente a través del bigote de gato y el germanio para fusionarlos.

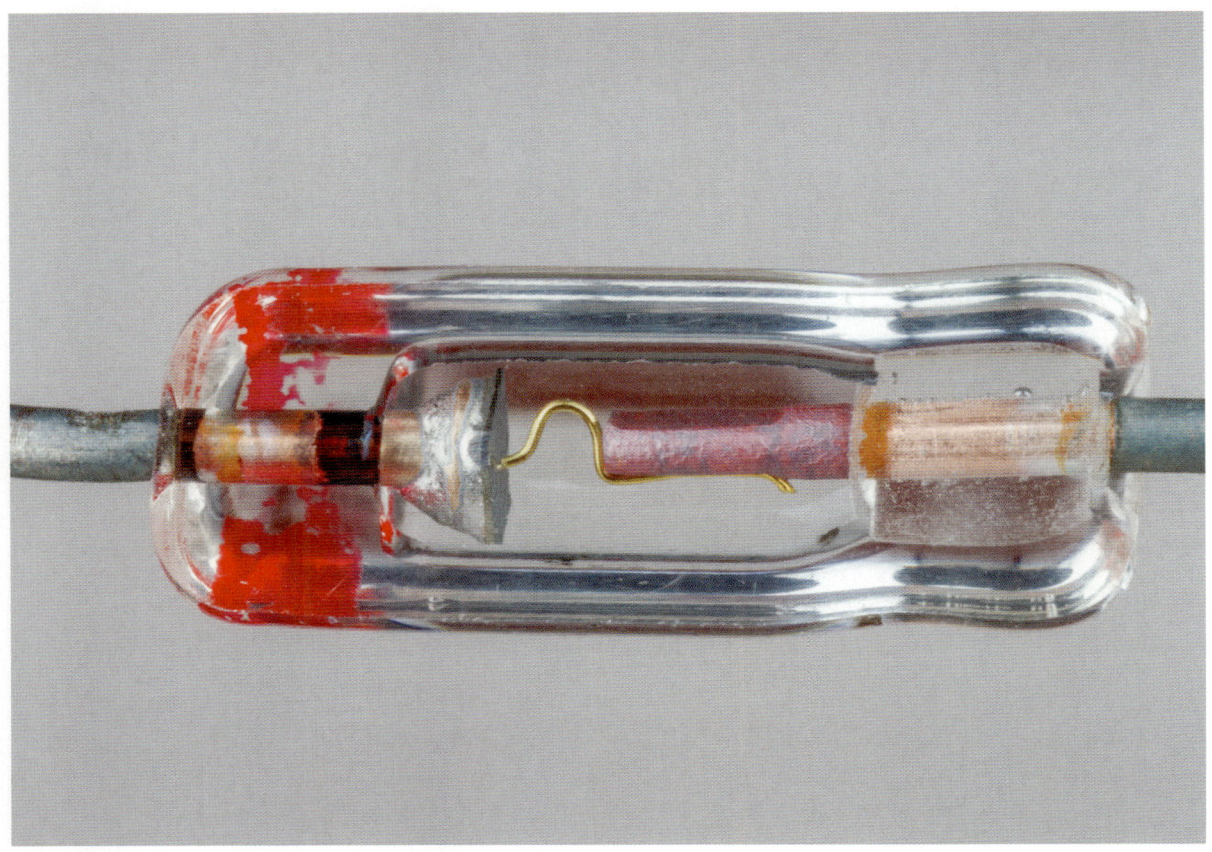

Circuito integrado µA702

Este chip, marcado como µA702, fue el primer chip de circuito integrado analógico que llegó al mercado. Fue creado por el legendario diseñador de circuitos integrados Bob Widlar, de Fairchild Semiconductor, y lanzado en 1964. Cuenta con un total de nueve transistores en la matriz de silicio.

El µA702 es un AMPLIFICADOR OPERACIONAL, un dispositivo con el que se sustraen y amplifican señales analógicas. Los amplificadores operacionales son bloques de construcción básicos para los circuitos analógicos, de la misma manera que

las puertas lógicas lo son para los circuitos digitales.

Dentro del encapsulado metálico del tipo TO-99, podemos comprobar que este dispositivo en particular fue montado o elaborado a mano; parece que el chip se colocó fuera del centro y, luego, se desplazó hasta su sitio, dejando un rastro de epoxi detrás de sí. Las marcas oscuras de la derecha son probablemente marcas de una pinza, quizá la que se usó para mover el chip. Posteriormente, los chips pasaron a ensamblarse con equipos automatizados, sin dejar rastro del toque humano.

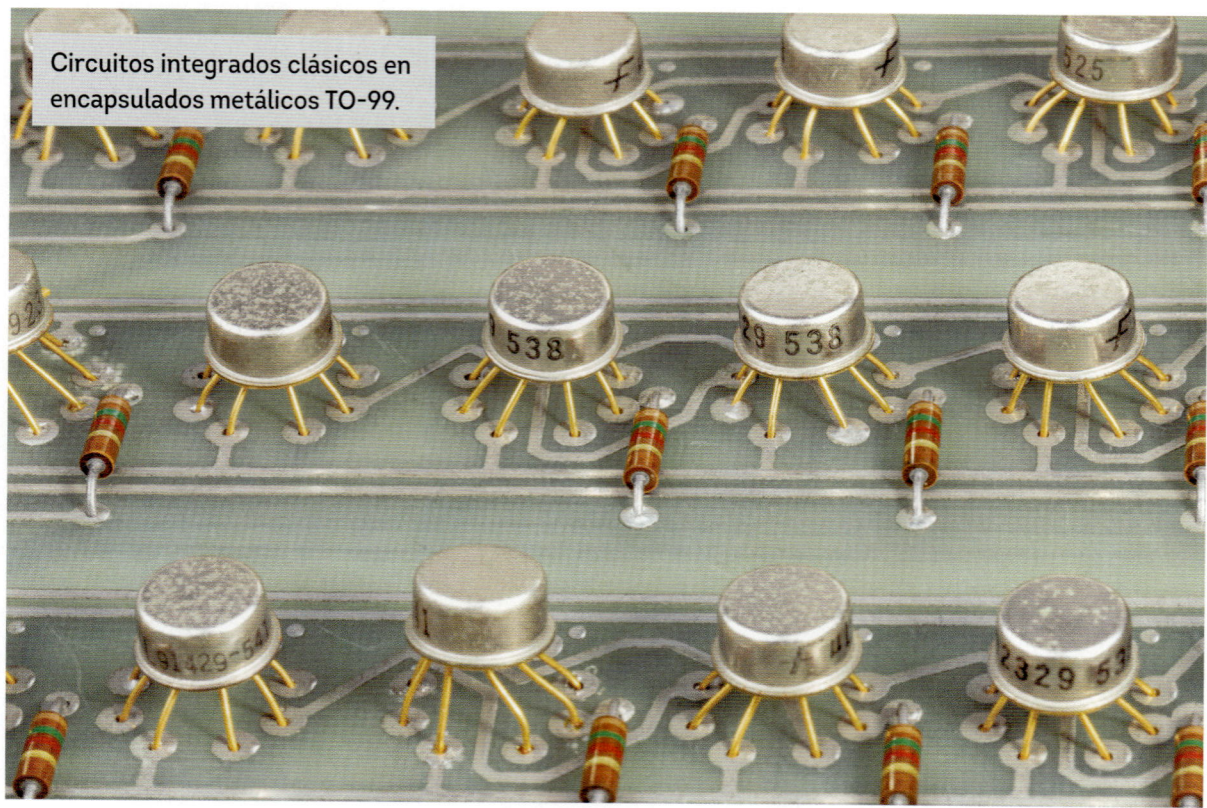

Circuitos integrados clásicos en encapsulados metálicos TO-99.

El chip está conectado mediante ocho cables de unión. Siete de ellos van a pines aislados con juntas de vidrio. El octavo está conectado eléctricamente al encapsulado.

EPROM con ventana

La **MEMORIA DE SOLO LECTURA** o **ROM** (del inglés, *read-only memory*) es una memoria informática permanente que solo se puede leer, no escribir. En la práctica, muchos dispositivos ROM necesitan programarse al inicio. También es conveniente que los dispositivos se puedan borrar y reescribir, en lugar de desecharlos después de su uso.

Este chip de **MEMORIA DE SOLO LECTURA PROGRAMABLE BORRABLE** (EPROM, del inglés *erasable programmable read-only memory*) tiene una ventana de cristal de cuarzo que permite que la matriz de silicio se exponga a la luz ultravioleta, la cual limpia la memoria y restablece cada bit a un 1 digital. Más tarde, el chip se puede reprogramar, configurando bits individuales a 0, para el almacenamiento de datos.

Los chips EPROM se usaron con frecuencia hace un tiempo como chips BIOS en las placas base de los ordenadores, generalmente con una etiqueta opaca que cubría la ventana. Sin embargo, fueron reemplazados por la EEPROM, memoria de solo lectura programable borrable *eléctricamente*, y su descendiente, la memoria *flash*.

El DIP cerámico de una EPROM tiene
una ventana de vidrio de cuarzo que
permite que la luz ultravioleta borre la
memoria de la matriz de silicio.

Memoria central

Antes de que los chips de memoria fueran baratos, la MEMORIA CENTRAL era una de las pocas tecnologías de confianza utilizadas por un ordenador. A diferencia de un chip de memoria moderno, que contiene miles de millones de bits, las memorias centrales contienen tan pocos bits que se pueden ver todos y cada uno de ellos. Cada núcleo en forma de rosquilla está hecho de una cerámica de ferrita, que se puede magnetizar en una de dos direcciones: un 1 o un 0 binario.

La cuadrícula de cables horizontales y verticales de color rojo que pasan a través de los núcleos se utiliza para dirigirse a un núcleo concreto de escritura o lectura. El cable en diagonal de color cobre que atraviesa cada núcleo es una LÍNEA SENSORA, con la que se lee la información almacenada en el núcleo seleccionado. El cable negro es una LÍNEA DE INHIBICIÓN, que puede bloquear selectivamente la información que se escribe en un conjunto de núcleos, al contrarrestar el campo magnético de los cables rojos.

Primer plano de la memoria central de una calculadora Casio AL-1000, de 1967 aproximadamente, con 448 bits, o 56 *bytes*, de memoria.

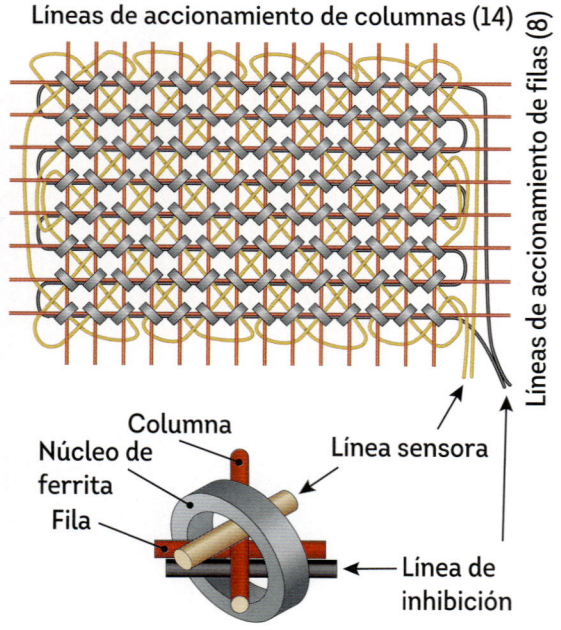

Líneas de accionamiento de columnas (14)

Líneas de accionamiento de filas (8)

Columna

Núcleo de ferrita

Fila

Línea sensora

Línea de inhibición

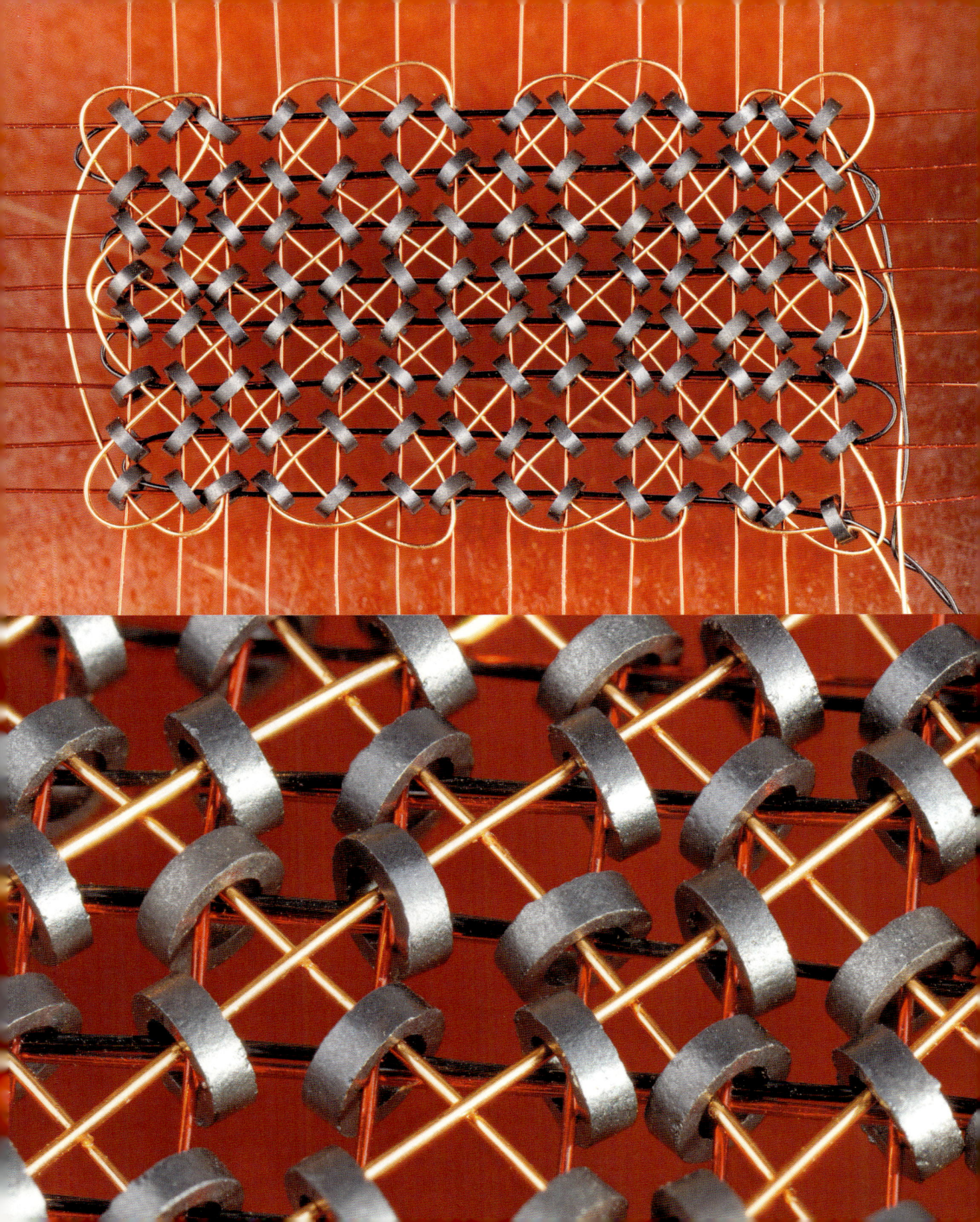

Módulo SLT de IBM

En la década de los sesenta, IBM desarrolló un tipo de módulo de circuito híbrido que denominó SLT, de *solid logic technology*. Estos módulos compactos y resistentes reemplazaron todos los componentes de una tarjeta de circuito completa, integrando resistencias, diodos y transistores en un paquete más pequeño que un terrón de azúcar.

Los módulos SLT contienen múltiples chips diminutos, cada uno con un único transistor o una matriz de dos diodos. En lugar de usar cables de unión, se utilizan puntos de soldadura en las matrices que las conectan a circuitos conductores plateados estampados sobre el sustrato cerámico del módulo. Muy adelantado a su tiempo, este sistema con puntos de soldadura fue el precursor directo del montaje *flip chip* que vimos en el SoC del teléfono inteligente en la página 87.

Casi parece anacrónico ver componentes clásicos, como las resistencias de compuesto de carbono, en una placa de circuito junto a estos módulos SLT de alta densidad.

Matrices de un transistor SLT individual. Observe los puntos de soldadura en cada matriz.

Módulo SLT de cerámica sin protección, donde las matrices aún no se han adherido en su lugar.

Los módulos SLT iban encapsulados en una cubierta de aluminio sobre la placa de circuito de cerámica.

Medidor de panel analógico

Años antes de que llegaran los paneles LCD baratos y las pantallas led, se usaban medidores analógicos para indicar tensiones y corrientes en una amplia gama de aplicaciones.

El tipo de medidor analógico que mostramos aquí cuenta con un imán permanente fijo que empuja y gira un electroimán para mover una aguja acoplada.

El electroimán que gira está suspendido y rota alrededor de dos cintas metálicas tensas: una arriba y otra abajo de la bobina. Las cintas conducen la electricidad desde los terminales del medidor hasta la bobina giratoria. También actúan como muelle de torsión débil, devolviendo la aguja a cero, cuando la cantidad de corriente disminuye.

El ángulo de rotación de la aguja está determinado con precisión por la corriente que fluye por la bobina de cobre del electroimán, calibrada por el muelle de torsión. Este mecanismo se denomina MOVIMIENTO D'ARSONVAL.

El imán permanente está hecho con fragmentos polares redondos y gruesos apilados.

La fina cinta metálica vertical se mantiene tensa mediante un muelle de acero arqueado, que también sirve como terminal eléctrico.

Cabezal de cinta magnética

Con los **CABEZALES DE CINTA** se lee o escribe información, como música analógica o datos digitales, hacia o desde una cinta magnética. Por fuera pueden parecer simples, pero este suave envoltorio esconde un ensamblaje complejo en su interior.

El corazón de un cabezal de cinta es una bobina de alambre de cobre. La bobina, junto con una pieza polar de «núcleo en forma de C» de hierro, actúa como un electroimán, concentrando un campo magnético en un pequeño espacio justo en el punto donde el cabezal presiona contra la cinta magnética. El imán y la pieza polar funcionan de manera muy similar a un imán de herradura común: la proximidad de los dos polos crea un fuerte campo magnético a través del mencionado espacio.

El espacio en sí está formado por una fina pieza de lámina de cobre o de oro intercalada entre los dos extremos del núcleo de hierro. La lámina garantiza que el espacio tenga un ancho uniforme y precisamente controlado, lo que brinda una mejor fidelidad y rendimiento en general.

Dos cabezales de cinta en una grabadora de casete de la marca Panasonic. El de metal en el centro es para reproducción y grabación. El de plástico blanco al lado sirve para borrar una grabación existente.

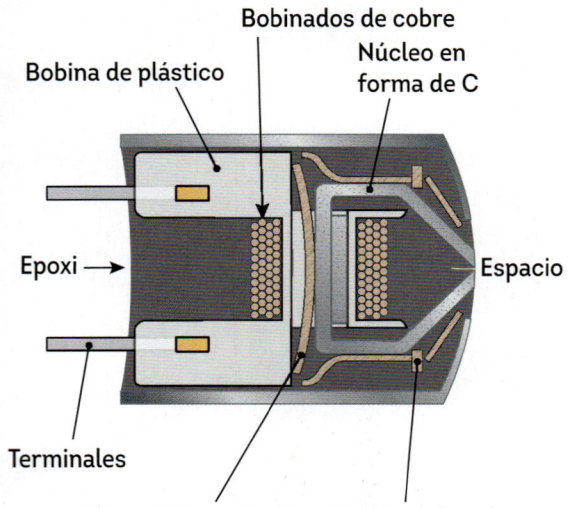

Bobina de plástico

Bobinados de cobre

Núcleo en forma de C

Epoxi →

Espacio

Terminales

Pinza de resorte

Espaciadores de cobre

Los elementos de cobre se utilizan para separar y posicionar la pieza polar de hierro dentro del cabezal, aislando los componentes del circuito magnético.

La lámina fina está encajada entre los dos extremos del núcleo ferromagnético, visible como una línea delgada y tenue sobre el epoxi negro.

Cabezal de disco duro de película fina

El disco duro de un ordenador contiene una versión en miniatura de un cabezal de cinta magnética; más concretamente, contiene muchos de ellos..

Los cabezales se asientan sobre unos DESLIZADORES de cerámica que se colocan en paralelo mediante un motor rotativo de bobina móvil. Cada bandeja en forma de disco de la unidad está emparejada con dos deslizadores: uno para cada superficie. Cuando la unidad gira, cada deslizador se desplaza sobre un colchón de aire ultradelgado entre él y la superficie.

Estos deslizadores son bastante pequeños; solo miden unos 3,3 milímetros de ancho. En su cara frontal, tienen unos terminales de metal y dos diminutos cabezales de color rubí. Los cabezales se fabrican mediante técnicas de película fina para depositar bobinas que son eléctricamente similares a las de los cabezales de cinta.

En realidad, solo se usa un cabezal por deslizador. Dispone de dos cabezales, para que puedan fabricarse de manera idéntica, aunque el deslizador situado debajo de cada bandeja esté volteado. Para estos controles deslizantes invertidos, se utiliza el cabezal opuesto, alineando los cabezales por encima y por debajo de la bandeja, para que cada pista de datos tenga el mismo diámetro.

Este disco duro de 2 gigabytes de la marca Micropolis de 1992 tiene ocho bandejas para almacenar datos.

Cable magnético lacado extremadamente fino que ofrece conexiones eléctricas al deslizador. Las conexiones soldadas se pueden ver en el reflejo de la bandeja de transmisión.

Con un gran aumento, podemos ver los devanados de la bobina de película fina dentro del cabezal de color rubí.

Cabezal de disco duro GMR

Compare los cabezales de disco duro de película fina con este disco duro de 2001. En ese momento, en los cabezales se usaba tecnología de MAGNETORRESISTENCIA GIGANTE (GMR) y los deslizadores se habían reducido a solo 1 milímetro de ancho.

La magnetorresistencia es un fenómeno en el que la resistencia de un material puede cambiar en presencia de un campo magnético externo. Los sensores basados en este efecto pueden detectar dominios magnéticos muy pequeños, lo

que permite que aumente la densidad de almacenamiento de la memoria del disco.

Como tecnología de *sensor*, un cabezal basado en GMR no escribe datos por sí solo en la unidad. En su lugar, el «cabezal de lectura» GMR se superpone a un «cabezal de escritura» de película fina, como el que hemos visto anteriormente..

La industria de los discos duros sigue evolucionando. En los cabezales de unidades de la generación actual, se utilizan tecnologías completamente diferentes para lograr una densidad de almacenamiento aún mayor.

Este disco duro Western Digital de 100 gigabytes tiene solo tres bandejas. En la página 132, puede ver una imagen de la tracción total con la bobina móvil giratoria.

Unas placas de circuito flexibles increíblemente finas envían señales eléctricas a los cabezales, que están centrados en la cara frontal del deslizador.

La bobina del cabezal de escritura de película fina roja se encuentra en la parte inferior central de la cara deslizante. Los dos rectángulos de cobre detrás de él son parte del cabezal de lectura del sensor GMR.

Dispositivos compuestos

Si desmonta algunos componentes electrónicos, encontrará otros componentes más pequeños en su interior. ¿Y dentro de esos componentes? Sí, a veces, también encontrará componentes más pequeños en su interior. A continuación, nos ocuparemos de algunos de estos dispositivos compuestos. Veremos todo tipo de placas de circuitos, pantallas que contienen múltiples matrices de led, paquetes compuestos en los que se combinan múltiples componentes y módulos híbridos con placas de circuitos de cerámica y matrices de semiconductores individuales unidos por delicados cables de unión.

Bombilla led de filamento

Las bombillas led modernas están disponibles en una amplia variedad de formas y estilos. Esta está diseñada para parecerse a una bombilla incandescente de la vieja escuela. Pero ¿cómo se pueden fabricar ledes tan largos y delgados?

Cada «filamento» es, en realidad, una tira de cerámica, esencialmente una placa de circuito, con docenas de diminutos ledes azules incrustados por toda su longitud. Cada tira de cerámica está recubierta en el anverso y el reverso con una goma de silicona amarilla rellena de fósforo.

Al igual que con otros ledes «blancos», el fósforo absorbe parte de la luz azul y emite un amplio espectro de luz que se extiende hacia el verde y el rojo. La luz general que percibimos es un brillo blanco cálido, como el de una bombilla incandescente.

Las bombillas led de filamento tienen gran parte del atractivo estético de las incandescentes, al tiempo que convierten la electricidad en luz de manera más eficiente.

La tira de cerámica y el brillo azulado alrededor de cada matriz de led se pueden ver de cerca, después de atenuar la bombilla.

Placa de circuito impreso de una cara

PLACAS DE CIRCUITO IMPRESO o PCB (del inglés, *printed circuit boards*) están por todas partes en los dispositivos electrónicos. A pesar del nombre, el circuito de cobre no está impreso en la placa. En lugar de eso, la placa (generalmente un compuesto de fibra de vidrio) se adhiere a una lámina de cobre y se graba selectivamente, dejando solo los patrones de cableado deseados en la placa, llamados **TRAZAS**. Los orificios para los cables de los componentes también se perforan a través de la placa.

La placa de circuito que se muestra aquí, que forma parte de una fuente de alimentación, se denomina «placa *de una sola cara*», porque tiene trazas de cobre solo en una cara. La cara sin cobre tiene varios componentes de orificio pasante, incluido un chip DIP, un transistor y condensadores de película. El reverso, donde podemos ver unas líneas de cobre oscuras y serpenteantes, tiene componentes de montaje superficial, que incluyen resistencias y condensadores de chip..

El revestimiento verde en la cara de cobre es una fina capa aislante llamada **MÁSCARA DE SOLDADURA**. La soldadura no se adherirá a las áreas cubiertas por este revestimiento.

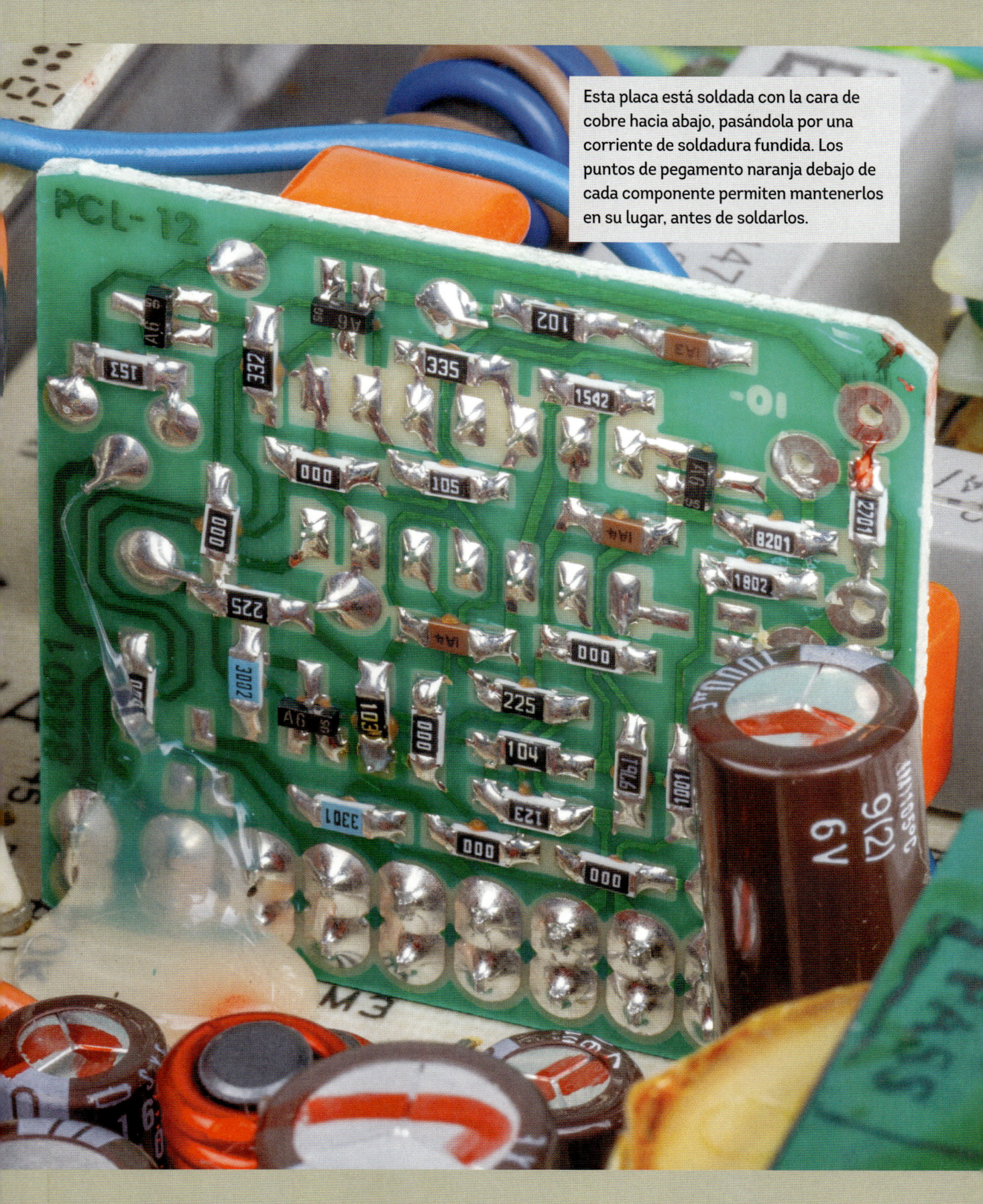

Esta placa está soldada con la cara de cobre hacia abajo, pasándola por una corriente de soldadura fundida. Los puntos de pegamento naranja debajo de cada componente permiten mantenerlos en su lugar, antes de soldarlos.

Placa de circuito impreso de doble cara

Aunque las PCB de una sola cara son baratas de fabricar, son bastante difíciles de diseñar, porque las trazas de cableado no pueden cruzarse entre sí. Al unir una lámina de cobre a cada cara de un sustrato de fibra de vidrio y grabar los circuitos en ambas caras, las trazas de una cara pueden pasar sobre las de la otra cara. Es mucho más fácil planificar las rutas para el cableado en una placa de circuito de doble cara.

Las trazas de cobre en las dos caras se pueden conectar con ORIFICIOS PASANTES CHAPADOS. Después de perforar un orificio, un proceso químico de electrochapado deposita cobre dentro de dicho orificio y conecta las dos caras. Los orificios pasantes chapados que se agregan para conectar las trazas entre las caras se denominan VÍAS. Otros orificios pasantes chapados se utilizan como ubicaciones para soldar componentes.

Esta placa de circuito tiene una máscara de soldadura de color púrpura y un fino baño de oro en las superficies de cobre expuestas.

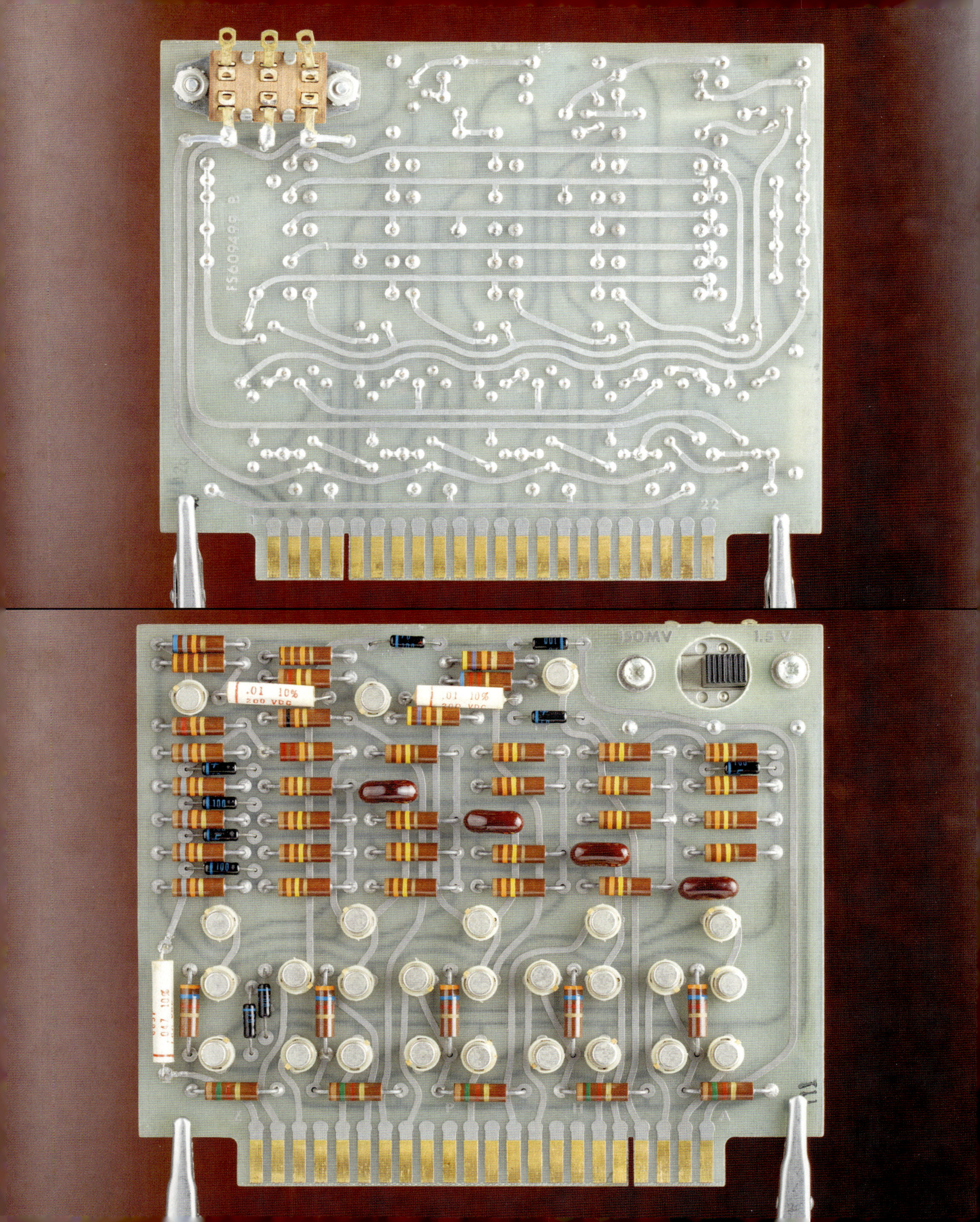

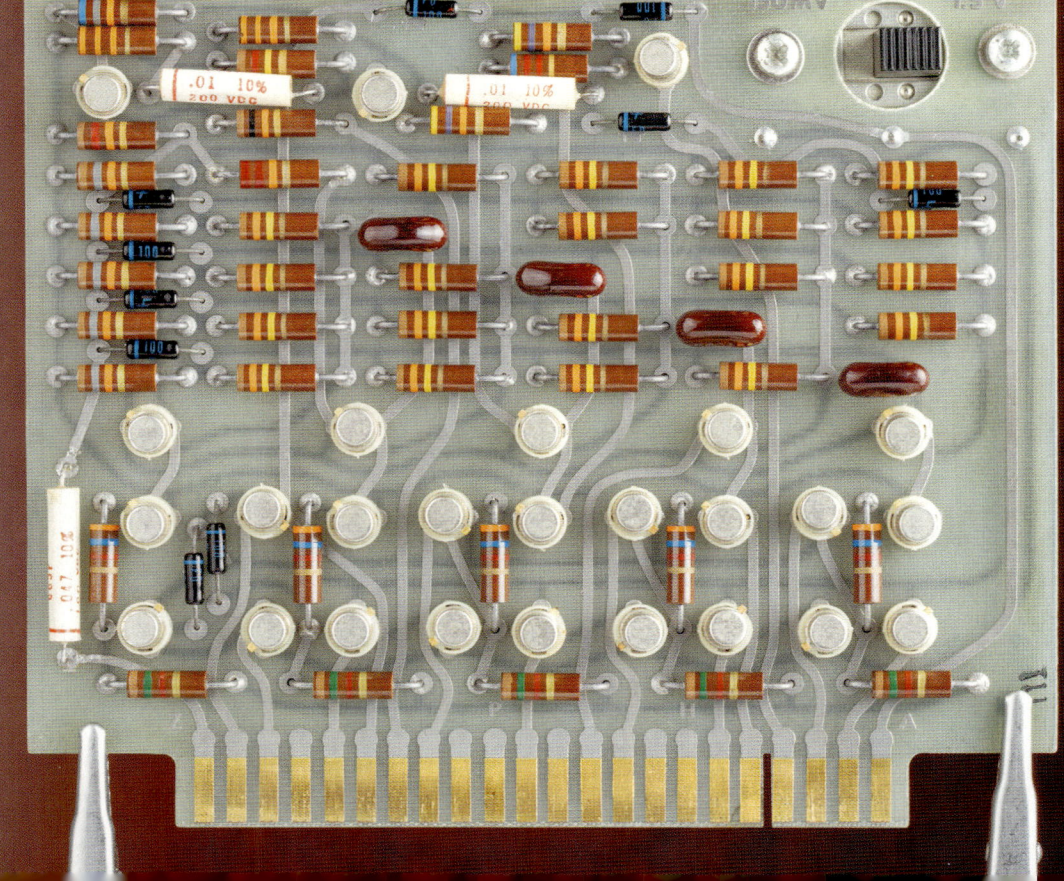

Placas de circuito multicapa

Las placas de circuito densamente pobladas a menudo necesitan más de dos capas para enrutar su cableado.

Una planta de fabricación puede construir PCB con más de dos capas, creando sándwiches más complejos de cobre y fibra de vidrio. Una placa de cuatro capas suele fabricarse grabando dos placas finas de dos capas y laminándolas a cada lado de un núcleo común de fibra de vidrio. El proceso de laminación une permanentemente las capas en una prensa de alta presión y temperatura. El mismo proceso, pero con diferentes opciones de capas, puede producir placas de circuitos con docenas de capas.

Las características especiales, como vías ciegas y enterradas (vías chapadas que no atraviesan toda la placa de circuito), se pueden fabricar perforando y chapando orificios en las diversas capas, antes de que se laminen juntas.

Placa de circuito de cuatro capas.

Placa de circuito de seis capas.

Esta PCB para smartphone de 10 capas tiene vías ciegas y enterradas con las que se realizan conexiones entre las diferentes capas, visibles como pilares verticales de cobre que conectan las capas.

Si se corta en diagonal, es más fácil ver la naturaleza tridimensional de la placa de circuito. Las estructuras circulares son vías que han sido cortadas.

Placas flexibles y rígido-flexibles

Las **PCB FLEXIBLES** son placas de circuito que están grabadas sobre un sustrato flexible de película de poliimida, en lugar de fibra de vidrio. La poliimida es un plástico muy resistente y flexible, que puede soportar el elevado calor de la soldadura. Tiene un característico color marrón intenso y, a menudo, se lo conoce por el nombre de las marcas Pyralux o Kapton.

Para crear una estructura, las PCB flexibles se suelen fabricar con **RIGIDIZADORES**, unas capas planas de fibra de vidrio u otros materiales que se cortan a medida y se unen a las capas de poliimida. Estos ayudan a que la placa mantenga su forma en determinados lugares; por ejemplo, donde se sueldan los componentes.

Una **PCB RÍGIDO-FLEXIBLE** es una PCB multicapa en la que al menos una de las capas de la pila está grabada en un sustrato de poliimida flexible. Estas extraordinarias placas pueden comportarse como placas de circuito completas con bisagras y cableado integrados.

En una PCB flexible con rigidizadores, se pueden colocar los componentes en distintas posiciones y orientaciones en un conjunto mecánico complejo.

Una PCB flexible bien diseñada puede soportar muchos millones de ciclos de flexión, como esta, que transmite señales al brazo móvil de un disco duro.

Las PCB rígido-flexibles de este tipo suelen encontrarse en cámaras digitales, donde los circuitos complejos deben encajar en espacios estrechos entre motores, lentes y baterías.

Conector elastomérico

Los **CONECTORES ELASTOMÉRICOS** son un tipo de circuito flexible muy diferente. Normalmente se encuentran en los módulos de pantalla de cristal líquido (LCD) de dispositivos baratos, como relojes de pulsera y calculadoras.

Un módulo LCD típico cuenta con una pieza de vidrio estampada con electrodos conductores transparentes y una placa de circuito debajo para controlar la pantalla. El conector elastomérico es una tira de goma blanda que se coloca entre los electrodos y las almohadillas de contacto correspondientes de la placa de circuito, proporcionando una conexión fiable y suave entre ambos.

El conector se compone de capas paralelas alternas de caucho de silicona blanca aislante y caucho de silicona negra conductor relleno de carbono. También dispone de finos revestimientos aislantes de silicona blanca en la parte superior e inferior.

Este módulo electrónico de un reloj de pulsera digital tiene una pantalla LCD conectada a la placa de circuito mediante dos tiras conectoras elastoméricas.

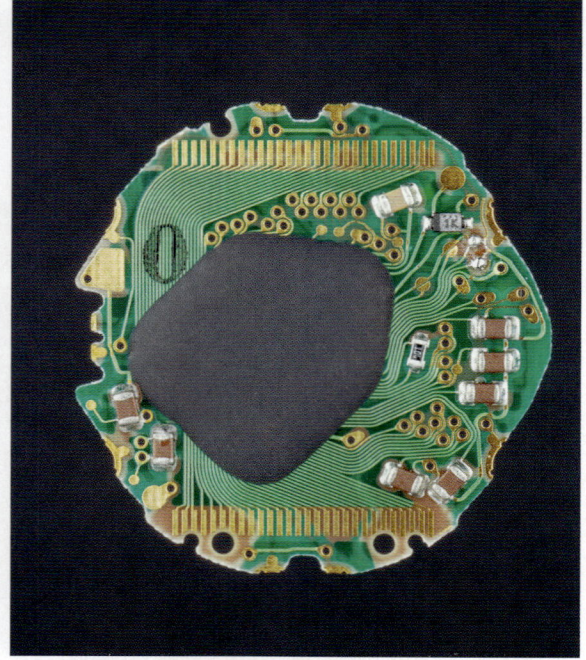

Las dos filas de almohadillas de contacto chapadas en oro en la parte superior e inferior de la placa de circuito corresponden a los electrodos del módulo LCD.

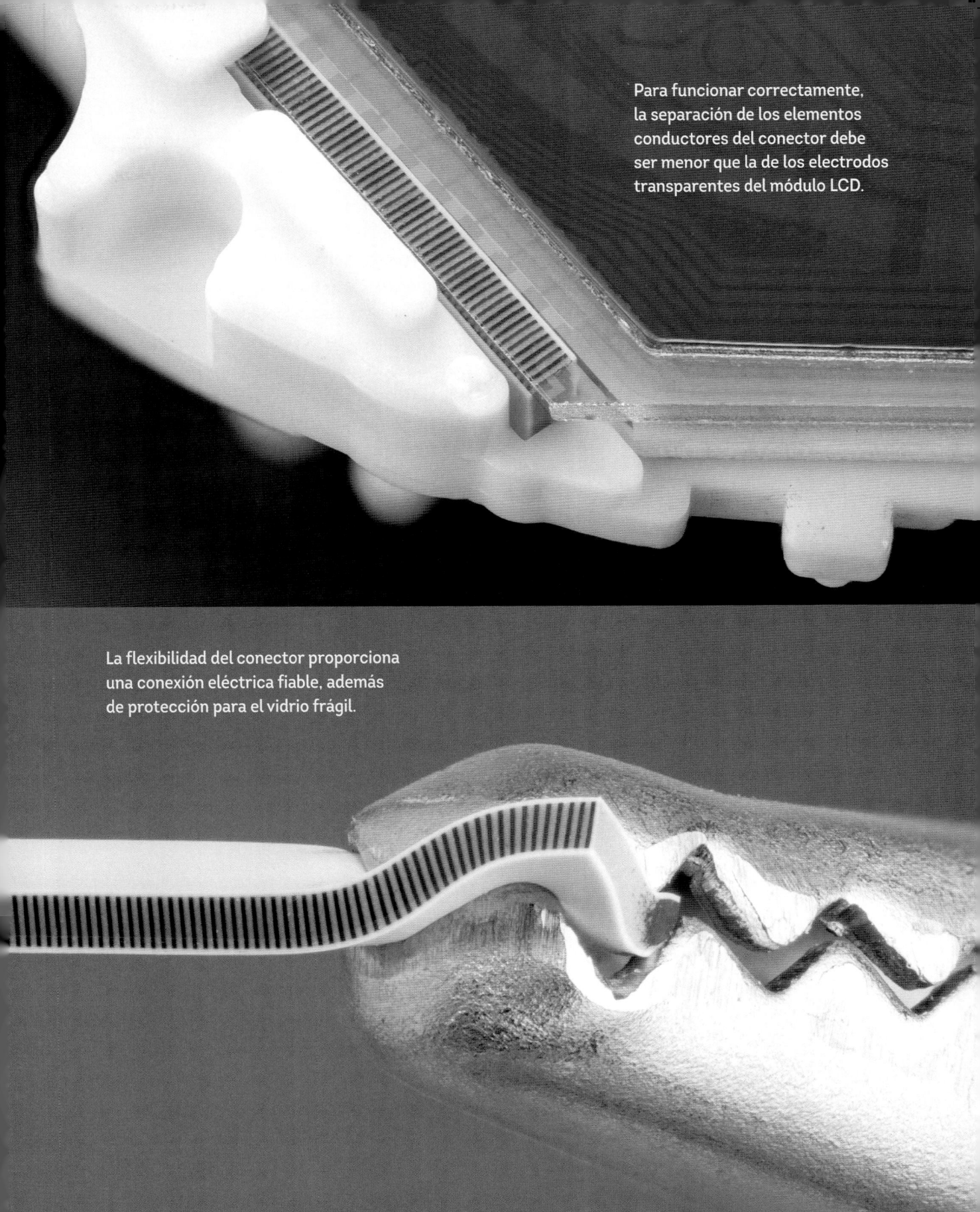

Para funcionar correctamente, la separación de los elementos conductores del conector debe ser menor que la de los electrodos transparentes del módulo LCD.

La flexibilidad del conector proporciona una conexión eléctrica fiable, además de protección para el vidrio frágil.

Tarjeta MicroSD

Una tarjeta de memoria MICROSD (del inglés, *secure digital*) contiene una placa de circuito muy fina con un chip de memoria. Dado que todo el dispositivo está encapsulado en resina epoxi negra, no se puede ver a simple vista que hay una placa de circuito, al menos hasta que la tarjeta se corta por la mitad.

El chip de memoria parece una tira gris plateada. Sorprendentemente, ocupa la mayor parte del interior de la tarjeta, incluso debajo de los resortes conectores chapados en oro. Hacer un uso eficiente del espacio permite a los fabricantes maximizar la cantidad de almacenamiento. Este es el polo opuesto de los transistores simples, como el 2N2222 (consulte la página 70), donde el encapsulado es mucho más grande que el silicio activo. También es el resultado natural de 40 años de cambio evolutivo en la fabricación y el encapsulado de productos electrónicos.

Las tarjetas microSD tienen, aproximadamente, el tamaño de una moneda de 10 centavos y, en el momento de escribir este artículo, están disponibles con capacidades de hasta 1 terabyte.

Toda la superficie posterior de la tarjeta microSD es una placa de circuito de dos capas. Los resortes de contacto más grandes son, simplemente, áreas de cobre expuestas de la capa superior de la PCB, con un acabado chapado en oro.

Encapsulado Glob Top

En los productos electrónicos de baja gama, como las calculadoras de supermercado o los multímetros sin marca, se debe ahorrar hasta el último céntimo en el proceso de fabricación. En productos de este tipo, no se suelen usar chips en encapsulados de epoxi tradicionales con pines de metal que precisan ser soldados. Para ahorrar dinero, la matriz del circuito impreso en sí mismo se pega a la placa de circuito y se conecta al circuito mediante cables de unión muy finos. Estos cables tan frágiles se recubren con una capa de epoxi y el chip ya está listo para usar.

Esta técnica se llama ENCAPSULADO GLOB TOP, de la cual ya hemos visto un ejemplo en el reloj de pulsera de la página 236.

El encapsulado Glob Top es una forma de encapsulado de CHIP EN PLACA, o COB (del inglés, *chip on board*), donde las matrices se unen directamente a la placa de circuito. El encapsulado COB se suele usar en luces led, donde los módulos de «filamento» en la bombilla led (página 226) están construidos de esta manera.

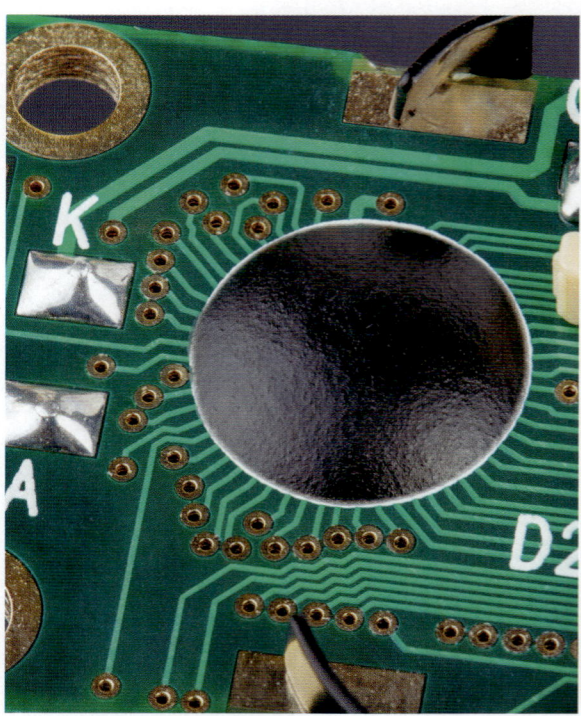

Aquí se pueden ver varios cables de unión de aluminio, donde el chip está conectado a la placa de circuito.

Chip de tarjeta de crédito EMV

Las tarjetas de crédito modernas vienen integradas con un **CHIP EMV** inteligente, en lugar de una simple banda magnética. El nombre proviene de Europay, Mastercard y Visa, las empresas que crearon este estándar.

Al introducir una tarjeta de crédito en un disolvente, podemos ver que las almohadillas de contacto visibles cubren completamente una cara de la placa de circuito incrustada en la tarjeta, placa fina como un papel.

La placa de circuito rectangular está hecha de fibra de vidrio y epoxi. El chip inteligente está pegado a la parte posterior, conectado a las almohadillas de contacto con finos hilos de oro y protegido por una capa de epoxi transparente. Este es otro ejemplo de encapsulado Glob Top.

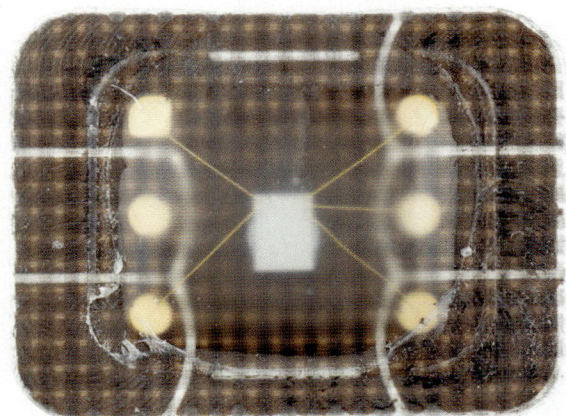

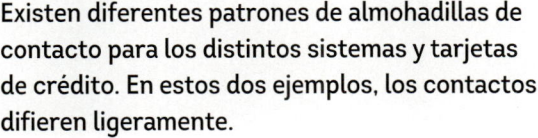

Existen diferentes patrones de almohadillas de contacto para los distintos sistemas y tarjetas de crédito. En estos dos ejemplos, los contactos difieren ligeramente.

Tarjeta de acceso NFC

En las puertas de los hoteles modernos, se utiliza la tecnología de COMUNICACIÓN DE CAMPO CERCANO (NFC, del inglés *near-field communication*) para identificar las tarjetas de acceso que permiten desbloquear las puertas. En el interior de cada tarjeta, hay una bobina de cable conectada a un diminuto circuito integrado de tarjeta inteligente.

Cuando la tarjeta toca la cerradura de la puerta, los componentes electrónicos de la cerradura interrogan a la tarjeta mediante un campo magnético modulado generado por una bobina ubicada dentro de la cerradura. Este mismo campo magnético proporciona energía eléctrica al chip de la tarjeta inteligente. Otra forma de explicar este procedimiento es que, al acercar la tarjeta a la cerradura, se crea un transformador a medida, con un juego de bobinados en la cerradura y otro en la tarjeta.

El chip está en una placa de circuito fina como el papel, muy parecida a la de la tarjeta de crédito, con un encapsulado Glob Top sobre el circuito impreso. Curiosamente, la placa de circuito está, de forma intencionada, ligeramente doblada.

Dentro de la tarjeta, hay una placa con un circuito impreso encapsulado en la parte superior, así como cuatro bobinados de cobre, casi tan grandes como la propia tarjeta.

El interior de la tarjeta está relleno de epoxi blanco, con el que se encapsulan los bobinados y la placa de circuito. Las superficies superior e inferior de la tarjeta son de un fino plástico blanco, laminado sobre el epoxi.

Tarjeta lógica de un *smartphone*

Pensamos que nuestros *smartphones* son perfectos aunque, en realidad, son maravillas tecnológicas repletas de una amplia variedad de circuitos y sensores.

Este teléfono contiene una placa de circuito impreso con una máscara de soldadura azul, la misma que vimos en sección transversal en la página 233. Los ingenieros la diseñaron para que se adaptara a las peculiaridades mecánicas de este teléfono en particular, dejando un gran espacio para el paquete de baterías de polímero de litio y otros más pequeños

para el módulo de la cámara y otras características de montaje.

En la superficie de la placa se incrustan componentes minúsculos, entre los cuales encontramos conectores, cristales, el *flash* led de la cámara y distintos módulos de sensores diminutos, como un micrófono y un acelerómetro. La mayoría de los circuitos integrados se esconden bajo finas capas de metal, las cuales están ancladas para proteger los componentes electrónicos sensibles que se encuentran en el interior.

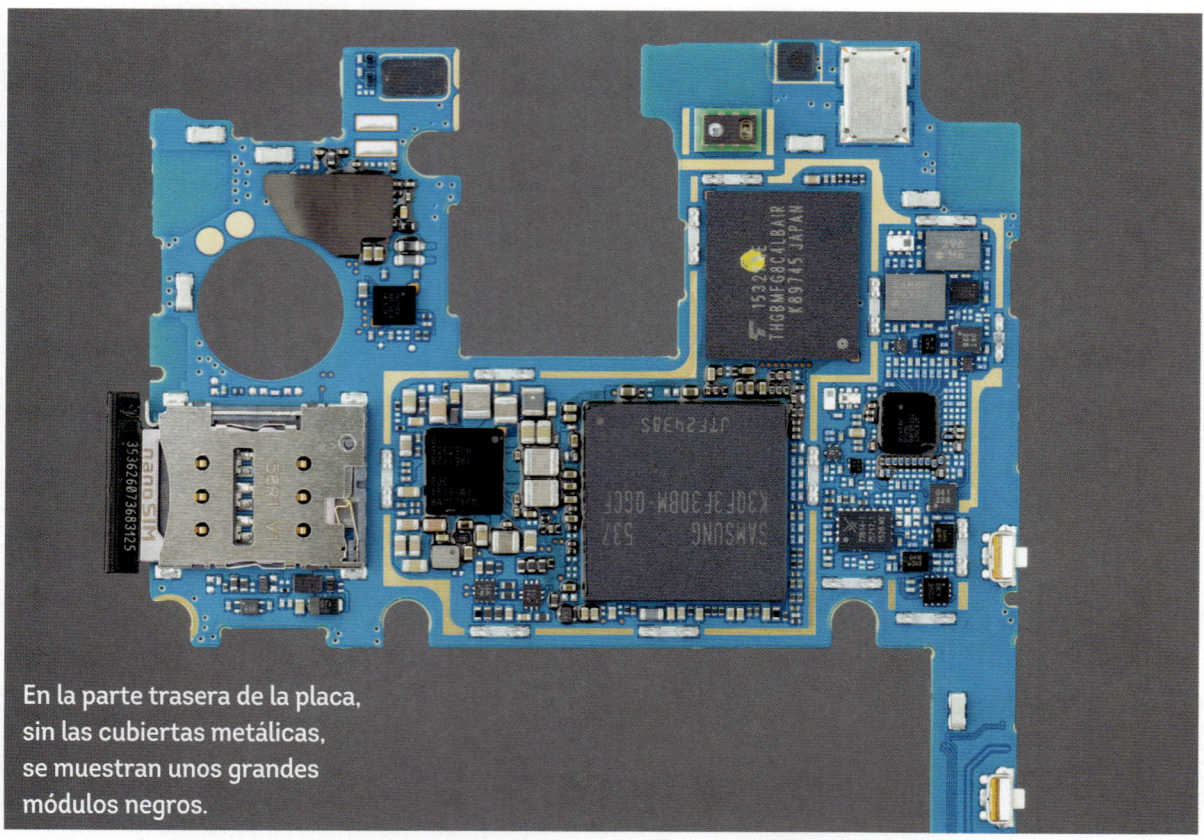

En la parte trasera de la placa, sin las cubiertas metálicas, se muestran unos grandes módulos negros.

Para que pueda comprobar el tamaño, utilizamos un bolígrafo para señalar el circuito integrado negro visible en la sección transversal de la página anterior. Esta zona, normalmente, queda oculta bajo una de las cubiertas.

Dentro de la placa lógica

Los circuitos pueden ser una forma de arte profundamente tridimensional. Un corte por el centro de la placa lógica del teléfono inteligente deja al descubierto un grueso sándwich de materiales, todos partes de diferentes componentes.

La capa superior es la placa de circuito impreso principal azul, que contiene 10 capas de cableado de cobre. Debajo, conectado a la placa a través de una matriz de rejilla de bolas, hay un complejo SISTEMA EN PAQUETE (SiP), un componente que contiene múltiples circuitos integrados. El SiP comienza con una PCB hecha con seis capas de circuitos de cobre. Un chip grande y fino se encuentra soldado a esta placa de seis capas mediante microscópicos puntos de soldadura.

Más abajo en el SiP hay otra PCB, hecha esta con tres capas de cobre. Montados en dicha placa y conectados con finos hilos de oro, hay al menos dos chips adicionales. Todo el conjunto SiP está encapsulado en epoxi negro.

Los bloques marrones encima de la placa del circuito principal son condensadores cerámicos multicapa (MLCC).

Transformador Ethernet

Las conexiones de los cables de red deben aislarse eléctricamente por razones de seguridad. En los ordenadores y otros dispositivos con puertos Ethernet, se usa un grupo de transformadores toroidales (página 50) para lograr ese aislamiento.

Al cortar este TRANSFORMADOR ETHERNET, quedan al descubierto ocho pequeños transformadores toroidales en distintos ángulos, dos para cada uno de los cuatro pares de hilos trenzados de un cable Ethernet (página 162). Un transformador en uno de los pares proporciona

aislamiento eléctrico, mientras que el otro está configurado como un estrangulador, para filtrar el ruido común en ambos cables.

Convertidor CC-CC

Un regulador de tensión como el LM309K (página 74) es seguro, aunque consume mucha energía. Reduce y controla la tensión, convirtiendo la energía eléctrica en calor.

Un **CONVERTIDOR CC-CC** también cambia de una tensión a otra, pero lo hace de un modo mucho más eficiente. Se utiliza un circuito digital para administrar la corriente a través de un inductor, aprovechando su comportamiento similar al de un volante.

Este convertidor CC-CC en miniatura está diseñado para reemplazar un

regulador de tensión lineal de forma similar en un equipo, lo que mejora su eficiencia.

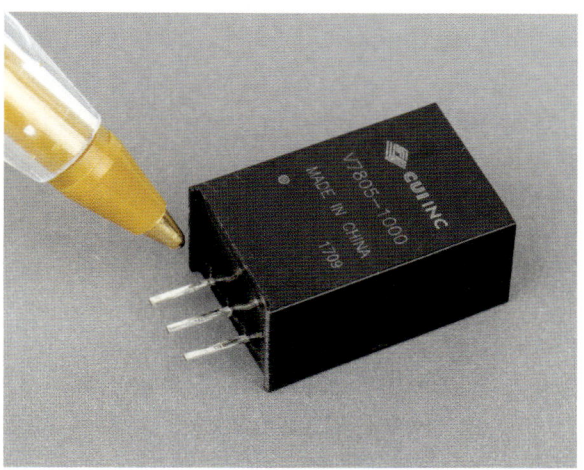

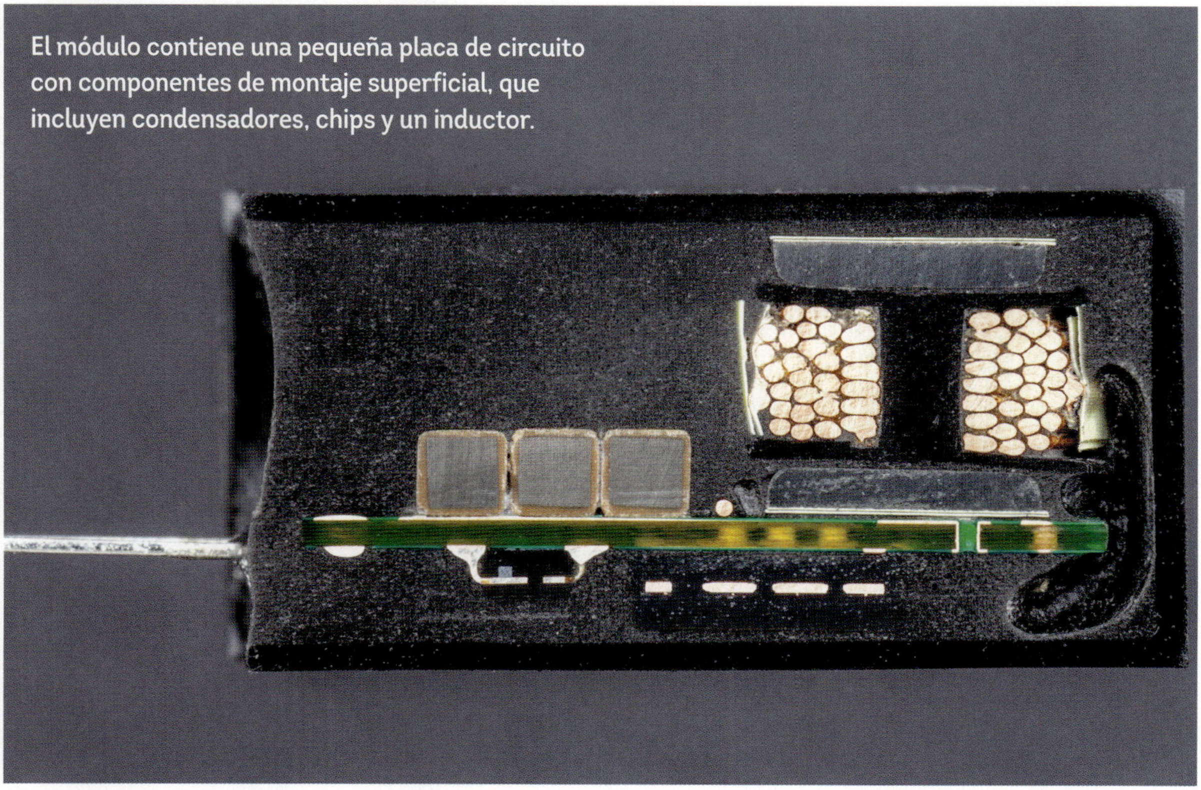

El módulo contiene una pequeña placa de circuito con componentes de montaje superficial, que incluyen condensadores, chips y un inductor.

Pantalla led de siete segmentos

Algo que sorprende de una PANTALLA LED DE SIETE SEGMENTOS es lo pequeños que son los ledes reales, en comparación con el dispositivo en general. En la base de cada lente de plástico de color en forma de «D», se encuentra un pequeño chip led. Estos son aproximadamente del mismo tamaño que las matrices de un led rojo de orificio pasante (página 88), pero, en este caso, el encapsulado es mucho más grande.

Las matrices de led están montadas al estilo chip, en una placa de circuito pequeña. Los finos cables de unión conectan las matrices con las pistas de cobre en la placa, que llevan las señales de accionamiento desde los grandes pines metálicos. La placa en sí es de una sola cara, de un sustrato de fibra de vidrio negro, para minimizar los reflejos.

La placa de circuito completa se coloca en el marco exterior blanco, hecho de plástico moldeado por inyección con pintura negra en la superficie frontal. Finalmente, todo el conjunto se rellena con resina epoxi teñida de rojo, que se endurece dentro de las lentes visibles del dispositivo.

El epoxi rojo ligeramente turbio que forma las lentes emite la luz de los ledes, para que cada segmento luminoso parezca uniformemente iluminado.

Pantalla numérica led de película gruesa

Esta pantalla led HDSP-0760 es una alternativa de gama alta a la pantalla led común de siete segmentos. En lugar de ocultar un solo led en cada una de las siete lentes, el dispositivo presenta un patrón de 20 matrices de led directamente visibles.

La pantalla led es un circuito híbrido de película gruesa con una base de cerámica (no tiene nada de plástico, a diferencia de la pantalla led de siete segmentos). Al igual que los otros dispositivos de película gruesa que hemos visto, la fabricación de la pantalla necesita múltiples etapas de impresión de materiales como pistas de oro y tintas cerámicas, con etapas de cocción intermedios. Una cubierta de vidrio blinda el conjunto completo para que pueda funcionar bien en entornos desfavorables, que podrían derretir o destruir otros tipos de pantallas.

El chip interior de esta pantalla convierte el número binario entrante en el patrón correcto de ledes iluminados y sin iluminar para formar el carácter correcto.

La cubierta de vidrio de la pantalla proporciona una vista excepcional de los ledes iluminados y sin iluminar, así como del chip descodificador y sus cables de conexión.

Pantalla de matriz de puntos led de 5 × 7

En lugar de construir una pequeña serie de caracteres con puntos o segmentos, en esta pantalla HCMS-2904, se utilizan cuadrículas de 5 × 7 ledes individuales para formar cualquier carácter alfanumérico.

La pantalla está fabricada como una placa de circuito multicapa normal, con 140 matrices de ledes montados en la parte superior, al estilo chip en placa. Las matrices y sus cables de unión están protegidos por una cubierta de plástico transparente en la parte superior del dispositivo, una alternativa de bajo coste al encapsulado de vitrocerámica de la pantalla led de película gruesa.

Estos módulos de matriz de puntos están diseñados para apilarse sin problemas de extremo a extremo y de arriba abajo, para crear pantallas más grandes. Cada módulo contiene un chip controlador en la parte inferior de su placa de circuito. El chip acepta un flujo de datos de píxeles y gestiona la pantalla led.

Las matrices de led están dispuestas en una cuadrícula, con las trazas de la placa de circuito en las que se definen las columnas en esta vista y los cables de conexión conectados en cadena con las que se definen las filas.

Pantalla led de burbujas clásica

En las primeras calculadoras electrónicas, como en esta HP-67, se usaban pantallas led de siete segmentos, en lugar del ahora omnipresente panel LCD. Cada dígito es un chip led único con siete segmentos y un punto decimal estampado en él. Como estos chips son pequeños, las lentes de aumento integradas en la carcasa exterior de plástico de la pantalla aumentan el tamaño de los dígitos y permiten visualizarlos mejor.

En la foto del primer plano de los dígitos, podrá ver la matriz de unos finos cables de unión dorados, que conectan los dígitos led con el resto de los circuitos de la calculadora. Para reducir el número de pines, se utiliza una técnica denominada MULTIPLEXACIÓN. Cada grupo de cinco dígitos comparte los mismos pines de control para cada segmento; por ejemplo, los segmentos «superiores» de los cinco dígitos están conectados entre sí. Debido a este cableado compartido, solo se puede encender un dígito a la vez. El circuito recorre rápidamente todos los dígitos y hace que parezca que están todos siempre iluminados.

Esta calculadora Hewlett-Packard 67, de 1976, tiene una pantalla led de «burbujas» de 15 caracteres, denominada así por las lentes en forma de burbuja.

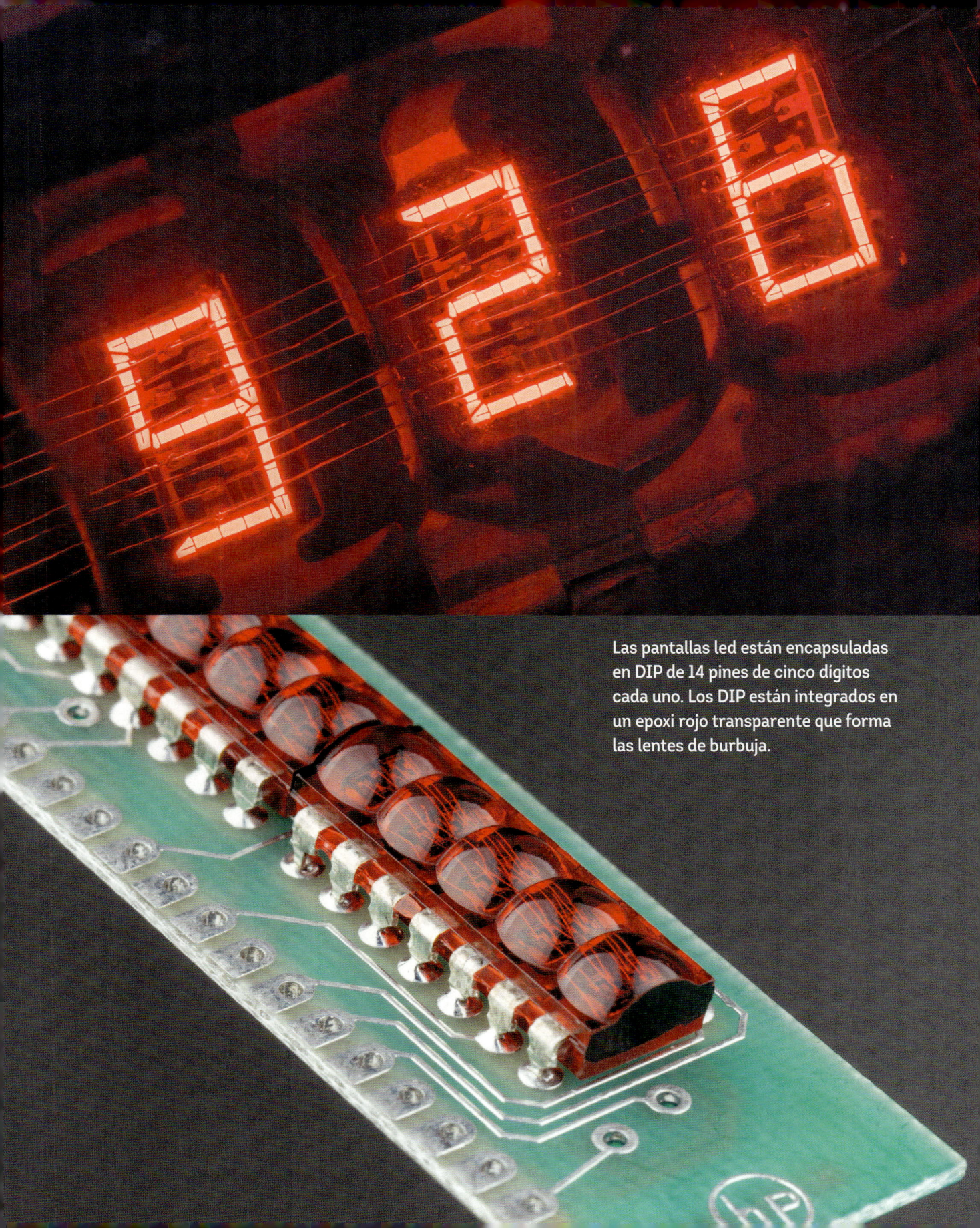

Las pantallas led están encapsuladas en DIP de 14 pines de cinco dígitos cada uno. Los DIP están integrados en un epoxi rojo transparente que forma las lentes de burbuja.

Pantalla led alfanumérica

Si bien esta pantalla tiene similitudes con la pantalla de burbujas de HP, sus orígenes no proceden de la electrónica de consumo, sino de aplicaciones militares y aeroespaciales. Se trata de una pantalla led fuerte, diseñada para sistemas en los que el coste no es importante y que requieren una pantalla resistente y blindada herméticamente que, simplemente, debe funcionar.

El módulo de película gruesa está construido con una cubierta de vidrio sobre una capa de cerámica. Encima de dicha capa, hay otras de trazas de plata conductora. También se utiliza material aislante para permitir que dichas trazas se crucen entre sí sin que se produzca un cortocircuito. Las grandes matrices de led de 16 segmentos (17 con decimal) están conectadas a las trazas mediante cables de unión.

Un chip en el lado opuesto de la capa de cerámica descodifica información binaria representada por letras y números en señales que transmiten los segmentos led.

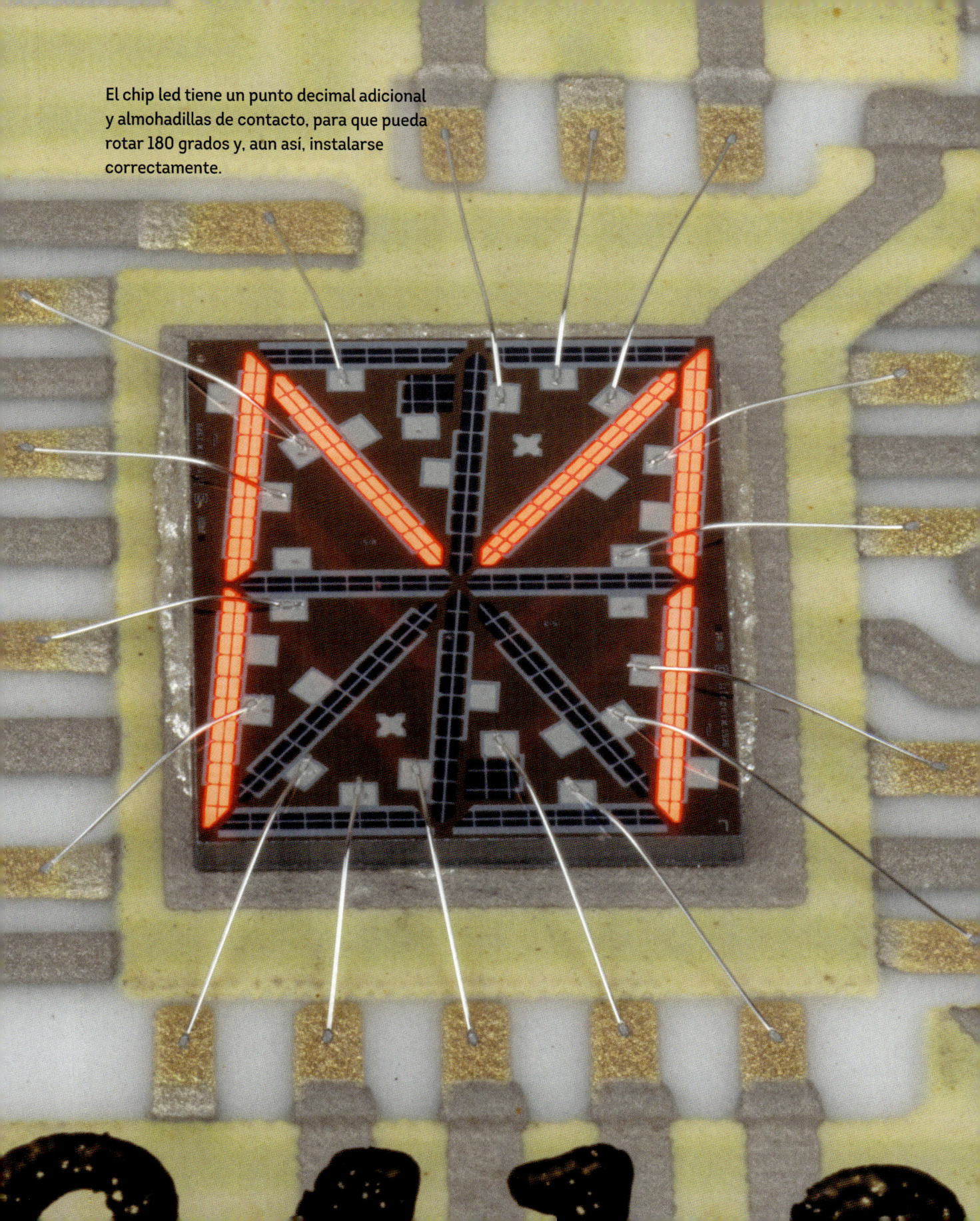

El chip led tiene un punto decimal adicional y almohadillas de contacto, para que pueda rotar 180 grados y, aun así, instalarse correctamente.

Reloj compensado por temperatura

El DS3231 que se muestra aquí es un RELOJ DE TIEMPO REAL o RTC (del inglés *real-time clock*) de circuito híbrido. En electrónica, generalmente denominamos «reloj» a una señal oscilante utilizada para sincronizar la lógica. Por el contrario, un RTC marca las horas, los minutos y los segundos a medida que transcurren. Es un reloj digital diseñado para ser leído por un ordenador.

Por fuera, el DS3231 parece un circuito integrado normal en un encapsulado

SOIC de 16 pines. Por dentro, no solo tiene un chip, sino también un cristal de cuarzo de 32 kilohercios, ubicado directamente en la caja. El cristal es casi idéntico al del reloj de pulsera de la página 14.

La frecuencia exacta de un cristal de cuarzo cambia con la temperatura, pero estas variaciones se pueden compensar automáticamente con un sensor en el chip. Esta solución se llama OSCILADOR DE CRISTAL COMPENSADO POR TEMPERATURA, o TCXO.

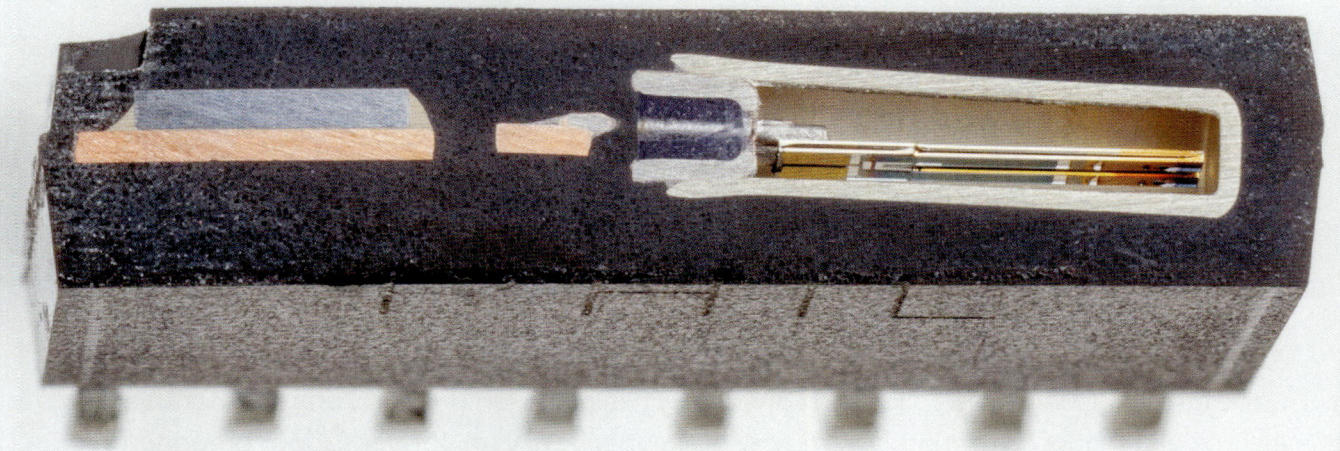

La matriz de color gris del circuito integrado se encuentra a la izquierda, por encima del marco de cables de cobre, dejando espacio a la derecha para el cristal de cuarzo de 32 kilohercios.

Oscilador de cristal

El «latido del corazón» de muchos dispositivos digitales proviene de un módulo oscilador como este. En el interior, encontramos un disco extremadamente fino de cristal de cuarzo serrado sostenido por unos muelles.

El disco se recubre selectivamente con electrodos de plata en sus caras superior e inferior. Cuando se aplica tensión a estos electrodos, se estimula el movimiento en el cuarzo, convirtiéndolo en un diminuto péndulo de reloj accionado eléctricamente. A diferencia del cristal de cuarzo de 32 kilohercios con forma

de diapasón de la página 15, la frecuencia de oscilación del disco es mucho más alta, quizá de 50 megahercios. Los discos son una de las muchas geometrías de cristales de cuarzo que se utilizan para lograr oscilaciones de mayor frecuencia.

El módulo también contiene una placa de circuito de cerámica de película gruesa. En la placa, un pequeño chip de montaje superficial y un condensador componen el resto del circuito del oscilador, proporcionando una onda cuadrada limpia en el pin de salida.

Los pequeños muelles metálicos sostienen y aíslan mecánicamente el cuarzo. También proporcionan la conexión eléctrica entre los electrodos y la placa de cerámica que se encuentra debajo.

Fotodiodo de avalancha

Este **FOTODIODO DE AVALANCHA** o APD (del inglés avalanche photodiode) chapado en oro tiene un rendimiento mucho más alto que los fotodiodos comunes y un precio adecuado. Es un detector de luz rápido y de alta sensibilidad con características de bajo ruido, utilizado en equipos ópticos de precisión del sector de las comunicaciones, así como en aplicaciones científicas.

El módulo está encapsulado en una carcasa metálica con tapa de vidrio. La matriz del fotodiodo de avalancha es el cuadrado dorado situado en el centro del módulo híbrido. El circuito que rodea al fotodiodo amplifica las diminutas señales que genera.

Si se observa detenidamente, se pueden ver condensadores de chip de montaje superficial, diodos, transistores y resistencias de película gruesa recortadas con láser, todo ello conectado con trazas impresas de película gruesa y cables de unión dorados casi microscópicos.

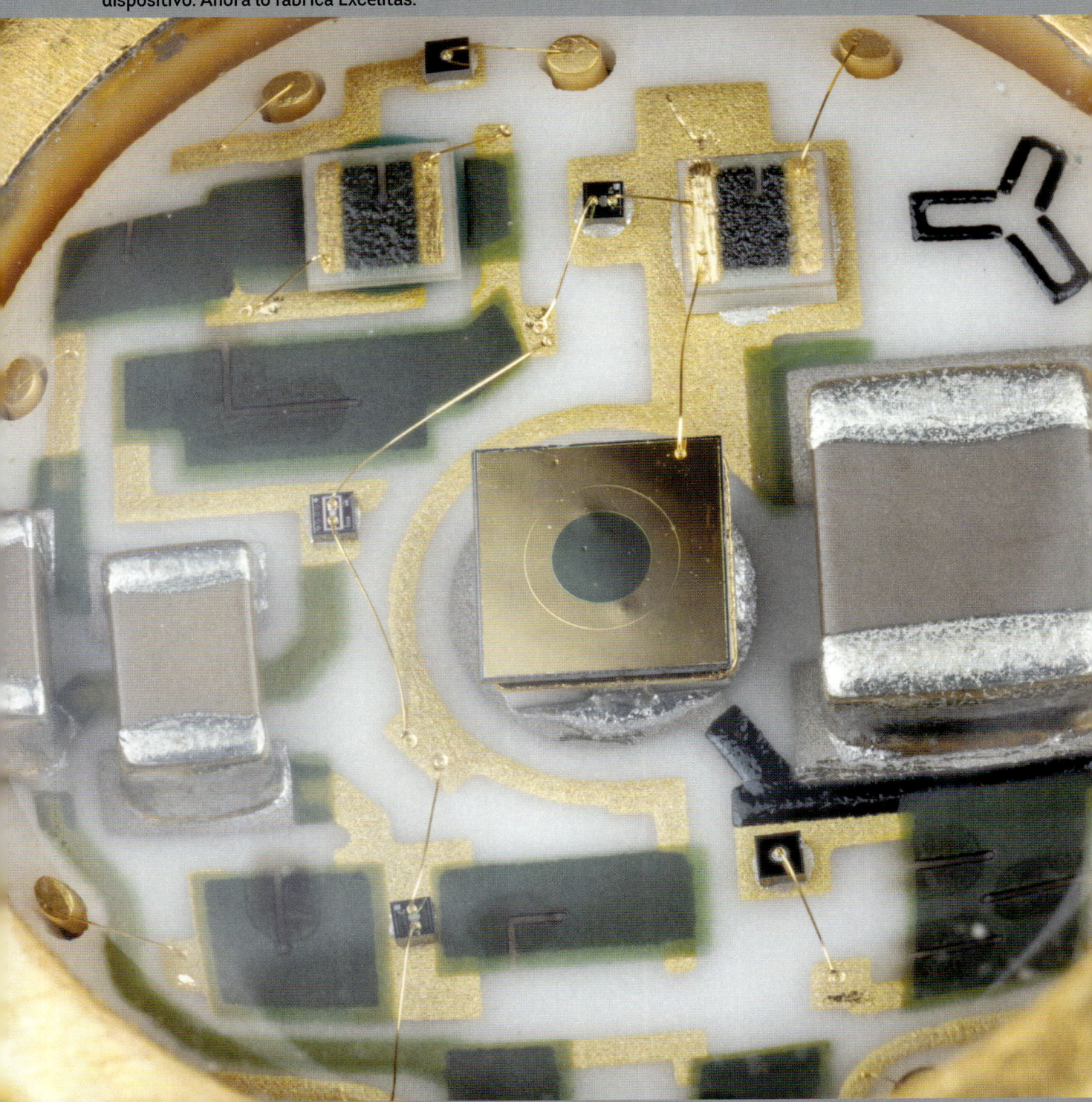

El símbolo triangular negro es el logotipo de EG&G, el fabricante original de este dispositivo. Ahora lo fabrica Excelitas.

Amplificador de aislamiento 3656HG

Este **AMPLIFICADOR DE AISLAMIENTO**, que por fuera es de color gris, resulta ser uno de los componentes electrónicos más colorido y complicado. Es una pieza especial, diseñada para la industria médica y nuclear, que requiere que algunos circuitos estén aislados eléctricamente por motivos de seguridad; por ejemplo, un circuito sensor puede tener que trabajar a alta tensión con respecto al ordenador que lo controla. El amplificador de aislamiento puede alimentar el sensor, transferir la señal y aislar las dos partes, lo que evita que las corrientes fluyan a través de la barrera.

Al extraer la tapa, podemos ver algunas características internas realmente extraordinarias. La pieza central es un transformador toroidal. A diferencia de los transformadores bobinados ordinarios, la mitad superior de cada bucle del bobinado es un cable de unión del circuito integrado, mientras que la mitad inferior es una película gruesa.

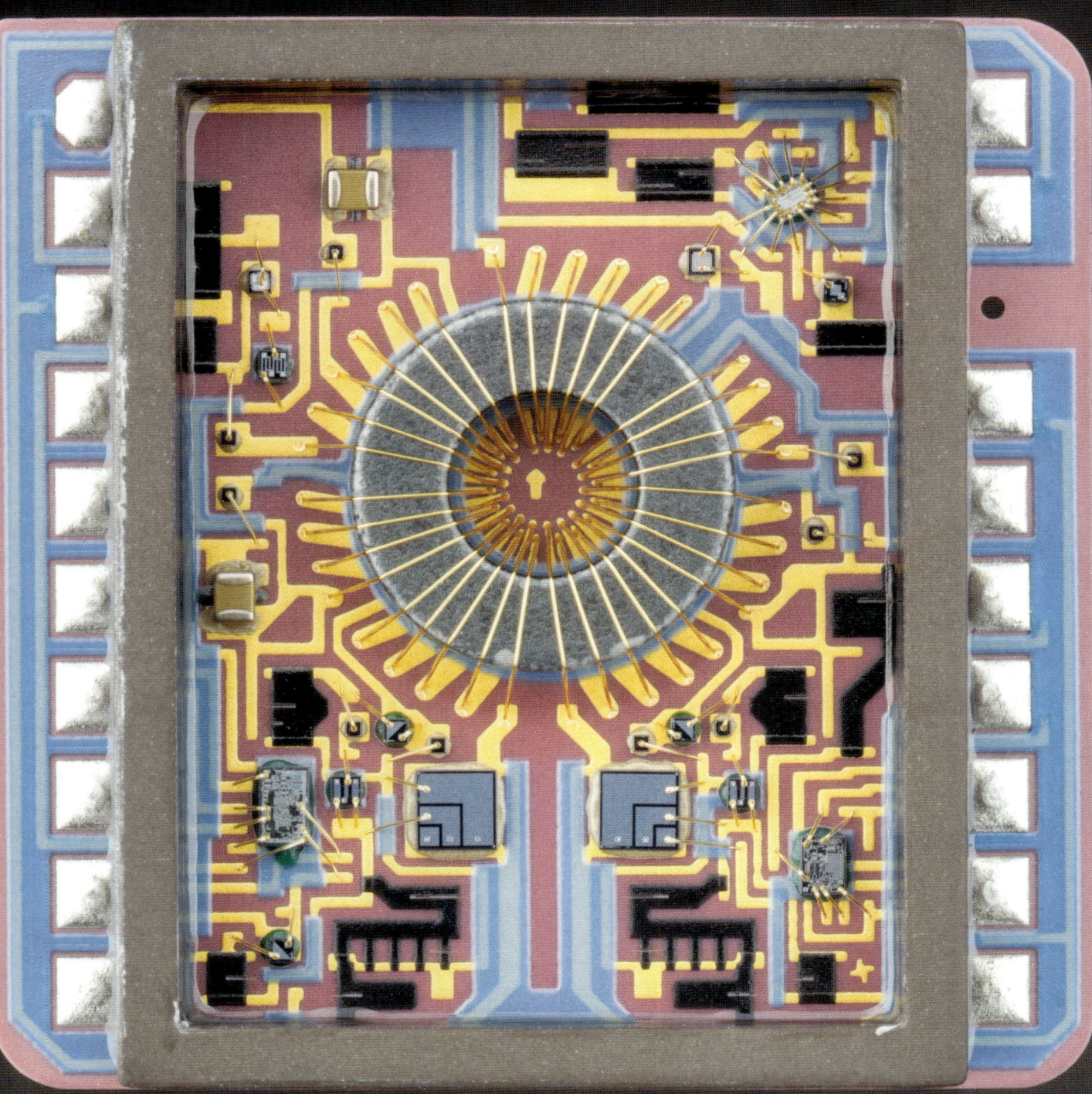

No existen conexiones eléctricas entre las partes izquierda y derecha de este módulo amplificador. El lado izquierdo es el de entrada y el derecho, el de salida.

Dentro del amplificador de aislamiento

Además del transformador, este circuito híbrido presenta algunos chips de circuito integrado, diodos y transistores. Cuenta con dos condensadores de chip de cerámica y bastantes resistencias de película gruesa recortadas con láser.

Una característica sutil de este dispositivo es que todas las superficies internas (cables de conexión y demás) están recubiertas con una capa aislante extremadamente fina y uniforme de plástico transparente de PARILENO. Puede verlo si observa detenidamente los cables de unión y las esquinas de las matrices cúbicas. Se trata de un REVESTIMIENTO DE CONFORMACIÓN depositado por vapor, instalado sobre todas las superficies, de la misma manera que el hielo puede formar una capa perfectamente uniforme sobre ramas y hojas durante una tormenta de hielo. El revestimiento proporciona resistencia en general y evita que se formen arcos de alta tensión entre los componentes y las conexiones.

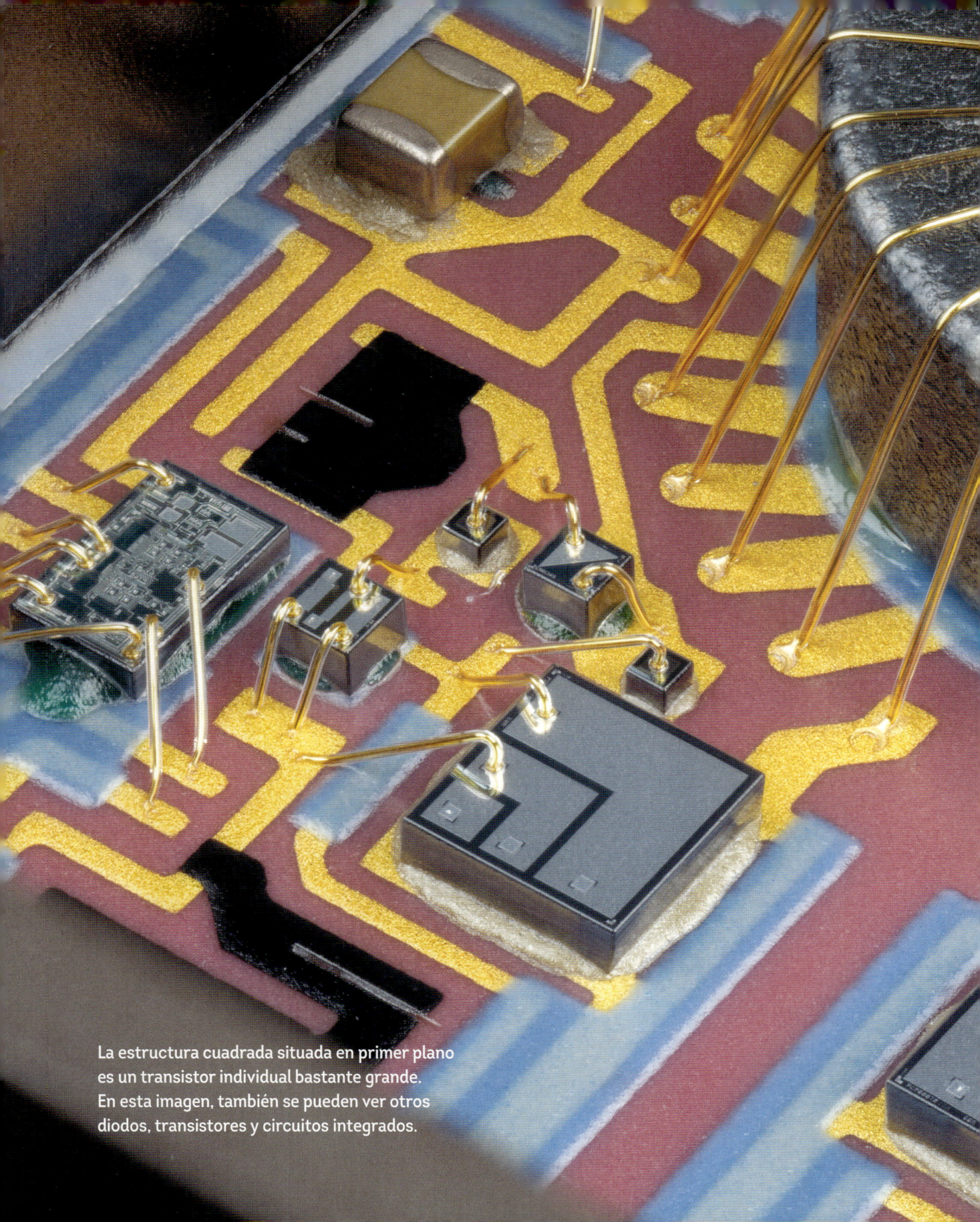

La estructura cuadrada situada en primer plano es un transistor individual bastante grande. En esta imagen, también se pueden ver otros diodos, transistores y circuitos integrados.

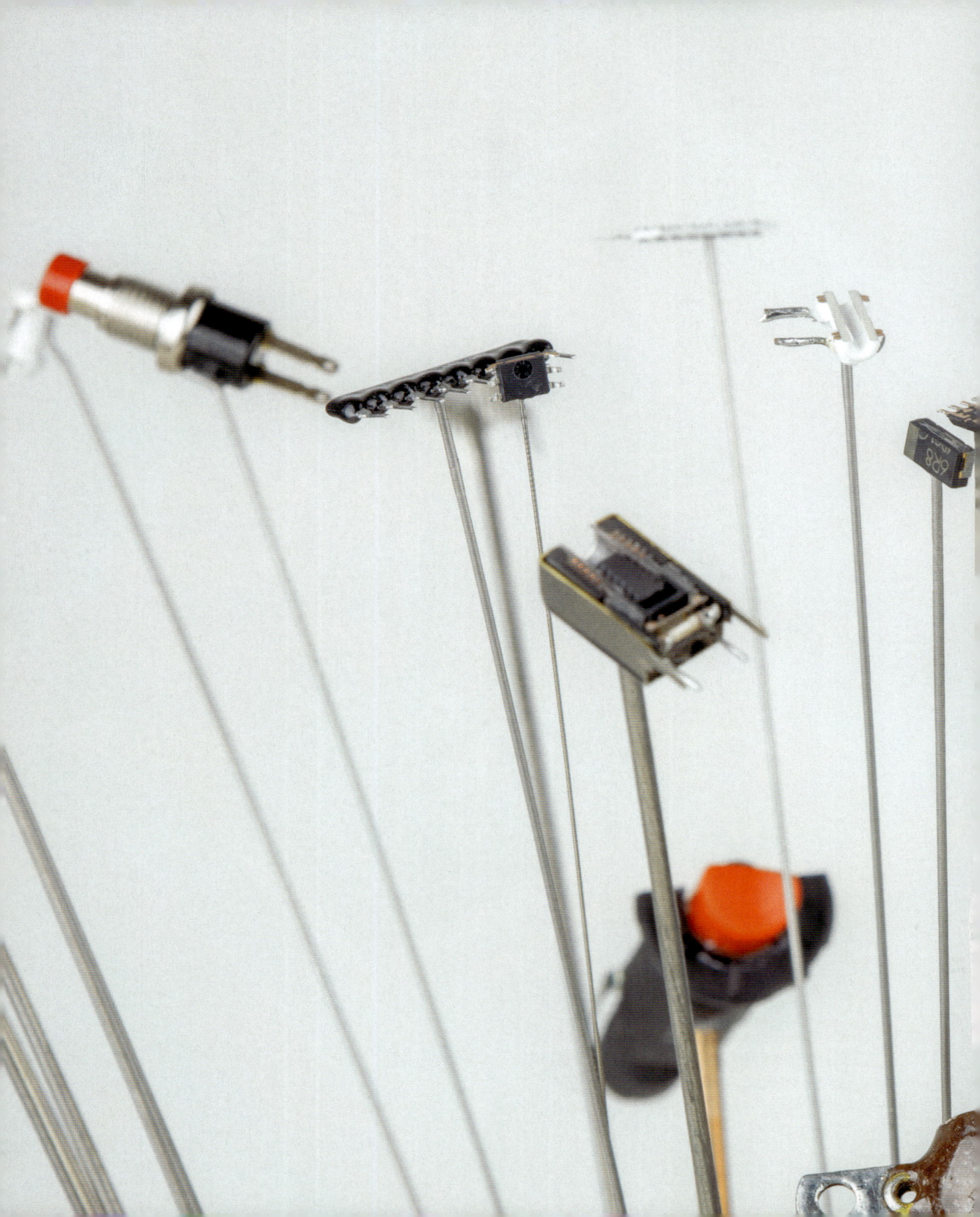

Epílogo:

Creación de secciones transversales

Durante la elaboración de este libro, muchos componentes electrónicos han sido dañados. En esta sección, le mostraremos paso a paso el proceso de creación de las imágenes del libro, desde el corte, la limpieza y el montaje de los componentes hasta la toma y el tratamiento de las fotografías.

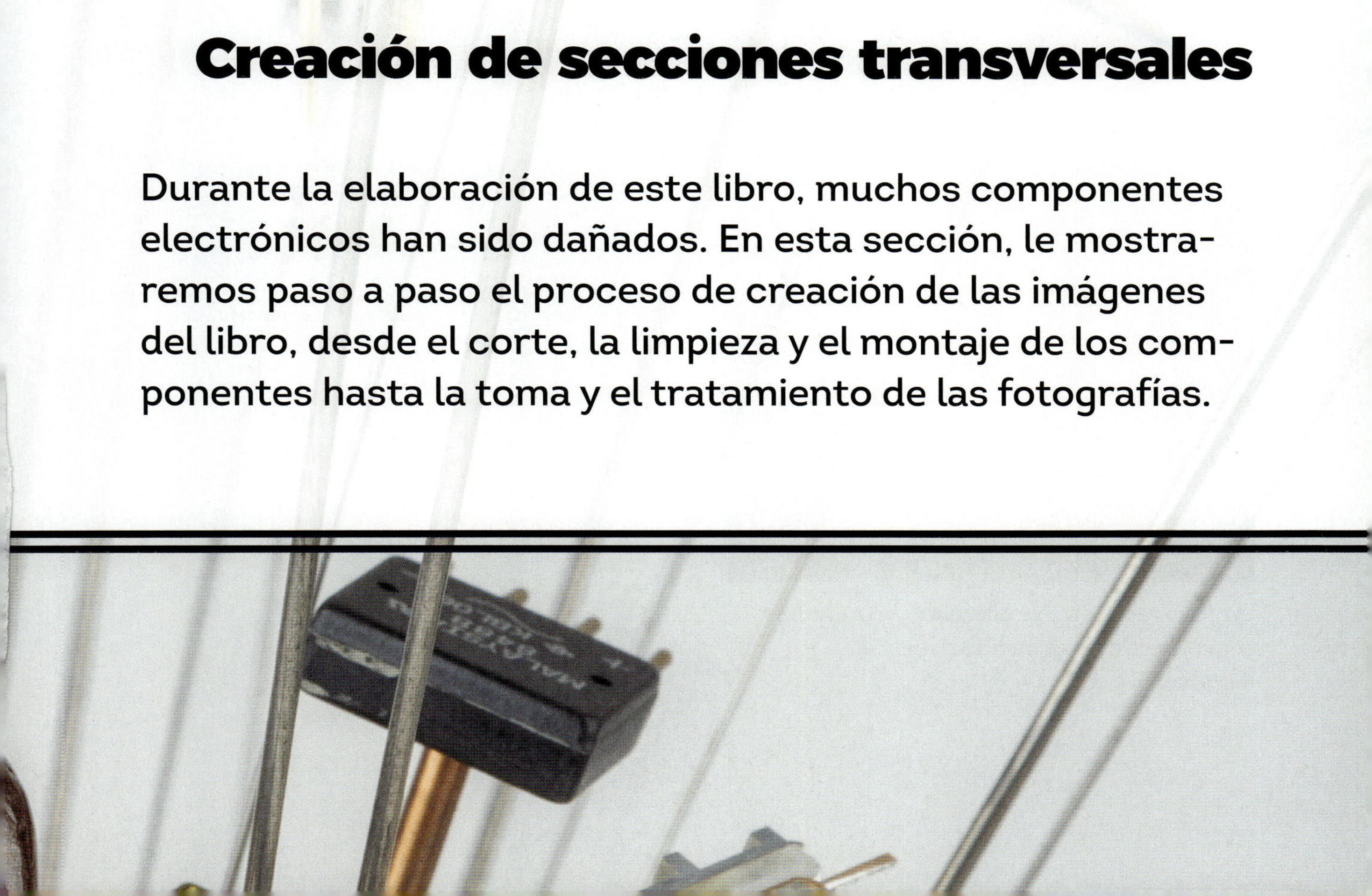

Corte y pulido

Serrado, limado, fresado y lijado, estos son algunos de los procesos que utilizamos para abrir y preparar los distintos elementos. Abordamos cada muestra de manera única, examinándola, cortándola de forma experimental y, por último, planificando un corte final para lograr un impacto visual máximo.

Entre nuestras herramientas, había una sierra de diamante de baja velocidad, discos de diamante para pulir, hojas de afeitar, lijadoras eléctricas y una fresadora de 5000 kilos, pero la mayor parte del trabajo se realizó manualmente, con papel de lija, esfuerzo y paciencia.

Sobre una superficie muy plana, utilizamos pequeñas hojas de papel de lija fino pero convencional, humedecidas con alcohol. Según el tema tratado, la arenilla obtenida podía ser de 600 a 10 000.

Un disco recubierto de diamante corta el núcleo cerámico de una resistencia de película de carbono.

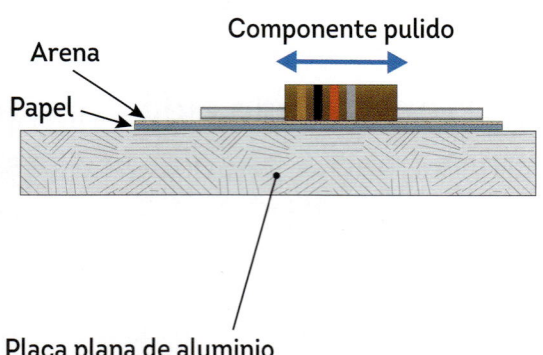

Un cortador de carburo sólido en una fresadora realiza un corte limpio a través de un conector de audio de 3,5 milímetros. El enchufe está pegado a un bloque de metal para mantenerlo firme.

Normalmente utilizamos una sierra de diamante de baja velocidad para analizar los materiales. En esta imagen, se realiza un corte exploratorio a una EPROM.

Limpieza

Además de preparar el corte, dedicamos una importante cantidad de tiempo a limpiar los objetos antes de fotografiarlos.

Algunos componentes antiguos tenían bastante polvo, incrustado en capas de laca aplicada hace medio siglo. Uno de los problemas recurrentes fue el polvo de plástico, metal, cerámica o semiconductor resultante del propio proceso de corte.

Para piezas más grandes, utilizamos aire comprimido y cepillos de dientes limpios

y secos, además de un gel para limpiar el polvo. Limpiamos las piezas pequeñas y delicadas con alcohol isopropílico puro y las secamos con un espray de gas comprimido. En algún caso más difícil, tuvimos que limpiar los cables de unión debajo de un microscopio con un cepillo que consistía en un único bigote de gato insertado en un tubo de acero inoxidable.

Incluso con estas medidas, a veces extremas, podemos confirmar que el polvo que no se ve a simple vista sí se puede ver con una lente de gran aumento.

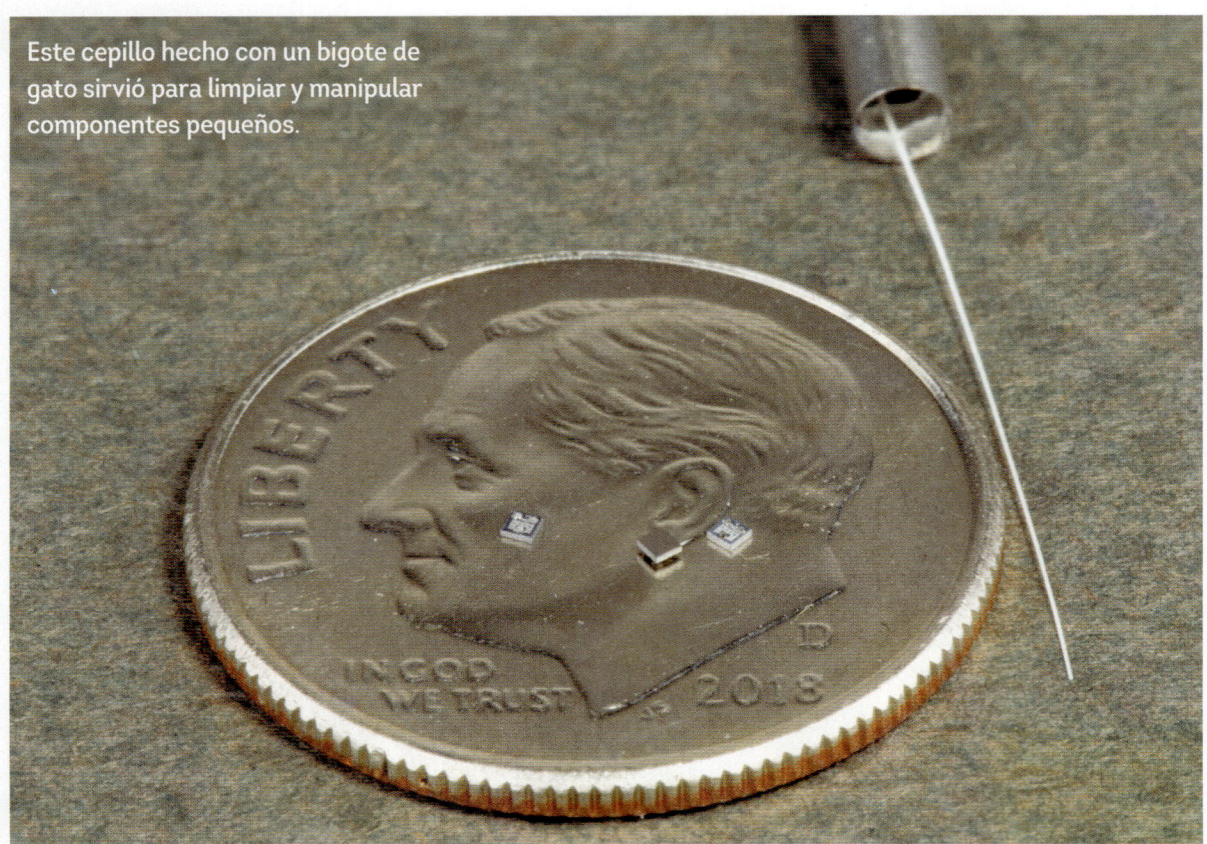

Este cepillo hecho con un bigote de gato sirvió para limpiar y manipular componentes pequeños.

Encapsulado

Algunas de las piezas más complejas o frágiles se habrían desmontado si las hubiéramos cortado sin más. Un ejemplo de ello es el altavoz (página 126), cuyo cono de papel y su fina bobina de voz no habrían superado el corte sin algo que los mantuviera estabilizados.

En estos casos, encapsulamos el objeto en resina de moldeo, un epoxi transparente, para estabilizarlo durante el proceso de corte. Usamos una pequeña cámara de vacío para desgasificar la resina epoxi mezclada antes de fundirla, lo que redujo en gran medida la cantidad y el tamaño de las burbujas de aire.

Intentamos minimizar el número de muestras encapsuladas, ya que los resultados tendían a ser menos claros, tanto en sentido literal como figurativo, que dejar los espacios vacíos.

El cable USB SuperSpeed (página 172) no era frágil, pero no pudimos obtener una sección transversal limpia y clara sin inmovilizar los hilos dentro del cable.

Montaje

En muchas de nuestras fotos, parece que los objetos estén flotando. Esto no es obra de Photoshop ni otros trucos sino, simplemente, de una colocación cuidadosa, tanto de la cámara como del objeto.

Utilizamos un «tornillo de banco flexible» de la marca QuadHands, con cuatro pinzas de cocodrilo con brazos flexibles para sujetar y mantener en su sitio muchos de nuestros objetos. Intentamos que las pinzas no se vieran. Para los objetos más pequeños o aquellos en los que necesitábamos que aparecieran completos, los pegamos a unos soportes metálicos.

Gracias a haber elegido cuidadosamente su posición, dichos soportes pasaban prácticamente inadvertidos.

En la siguiente foto, se muestra el ajuste para la foto del conector F (página 155). Cerca de la parte superior izquierda, una pinza de cocodrilo sujeta el cable directamente, mientras que el conector está pegado a un cable rígido de acero inoxidable que pasa a través de una hoja de papel de fondo. Detrás del papel, dos pinzas de cocodrilo más mantienen el cable en su sitio.

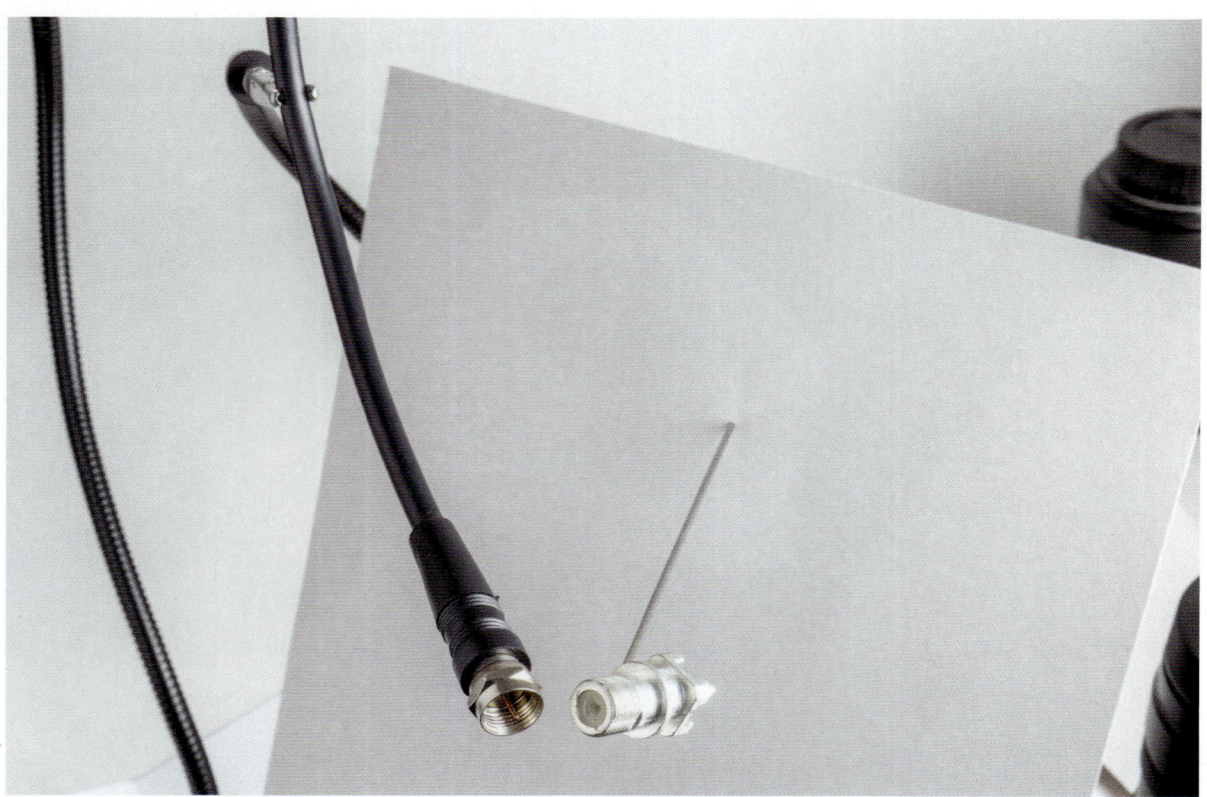

Estos componentes están
montados para la foto. No todos
estaban cortados.

Equipo fotográfico

Las imágenes de este libro son el resultado de un proceso fotográfico convencional, con la principal excepción de que utilizamos un *software* de apilamiento de enfoque.

Nuestro equipo fotográfico fue el siguiente:

- Cámaras Canon EOS 7D y EOS R, con objetivos:
    - RF 24-105mm f/4-7.1
    - EF 100 mm f/2.8L Macro IS USM
    - EF 28–135 f/3.5–5.6 IS USM
- MP-E 65mm f/2.8 1–5× Macro
- TS-E 24 mm f/3.5L II
- Dos *flashes softbox* y un *flash* de potencia adicional con disparador remoto
- Trípode Slik Pro 500DX
- Riel de enfoque lineal personalizado y disparador basado en la herramienta AxiDraw
- *Software*: Helicon Remote, Processing

Utilizamos un sexto objetivo (no presente en la lista) para tomar esta foto en particular.

El objeto situado debajo de la cámara es el riel de enfoque lineal personalizado, además de los cables para la alimentación de la cámara, el obturador y la lectura de datos.

Retoque

Las fotografías de este libro se recopilaron y procesaron con Adobe Lightroom. Prácticamente todas las fotos fueron sometidas a tratamientos uniformes, lo que sería un «revelado» en la época de los cuartos oscuros y los productos químicos. Entre estos tratamientos, hubo correcciones del perfil del objetivo, recortes, giros y ajustes para el balance de blancos, el brillo, el contraste y el tono en general.

En la mayoría de las fotos, se eliminaron manchas digitales con Lightroom.

Usamos esta herramienta para eliminar motas de polvo y defectos de la cámara, como el polvo del sensor, y para corregir imperfecciones generales y errores ocurridos durante la preparación de muestras. Puede ver un ejemplo de ello en las siguientes fotos del antes y el después.

Se utilizaron con moderación técnicas extremas de retoque, como el «aerógrafo» digital. Hemos trabajado duro para preservar el verdadero aspecto de los objetos presentados.

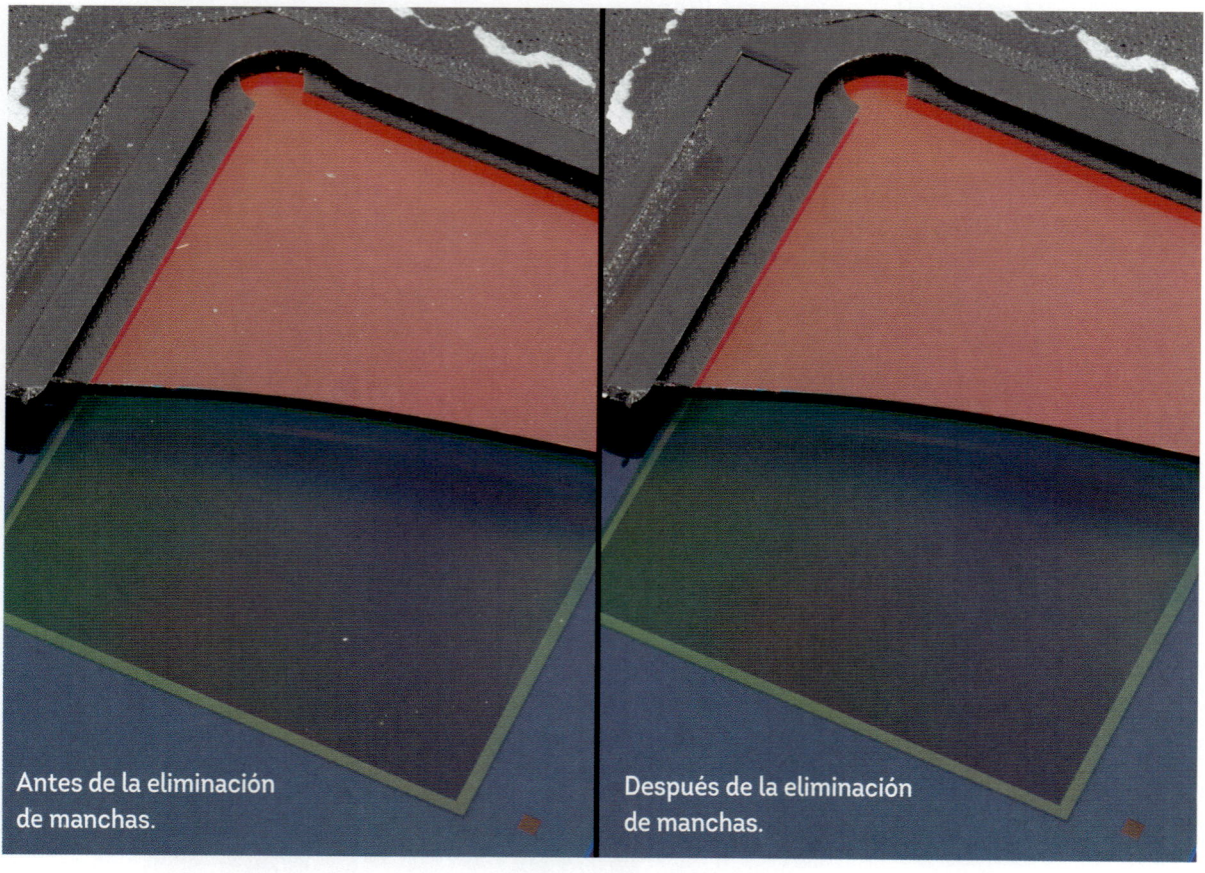

Antes de la eliminación de manchas.

Después de la eliminación de manchas.

Sobre la fotografía macro

Las imágenes de primer plano de este libro son ejemplos de FOTOGRAFÍA MACRO, definida vagamente como «aquella fotografía en la que la imagen presentada es más grande que el sujeto real».

En la fotografía macro, el sujeto se encuentra muy cerca del objetivo de la cámara y el rango de distancia que puede estar enfocado tiende a ser muy pequeño. Esta situación se conoce como tener poca PROFUNDIDAD DE CAMPO.

Con nuestro mayor aumento de cámara, incluso con la apertura de la cámara al mínimo para brindar la máxima profundidad de campo posible, solo se puede enfocar a la vez ¼ milímetros (0,01 pulgadas) aproximadamente.

Una profundidad de campo reducida es una característica tan conocida de la fotografía macro que las fotos a gran escala con una profundidad de campo reducida pueden parecernos miniaturas: es el denominado EFECTO DIORAMA.

El efecto diorama hace que esta imagen, con poca profundidad de campo, parezca una maqueta de tren.

Apilamiento de enfoque

Muchas de las imágenes de este libro fueron procesadas con Helicon Focus. En este software, se trabaja especialmente el **APILAMIENTO DE ENFOQUE**, una técnica de procesamiento de imágenes computacional en la que se combinan múltiples imágenes con poca profundidad de campo, para producir una única imagen con una profundidad de campo mayor. El apilamiento de enfoque funciona analizando las imágenes para identificar las áreas que están enfocadas y posteriormente unirlas, de manera similar a como, en otros programas, se pueden unir fotos para crear una panorámica.

El apilamiento de enfoque puede producir imágenes con una nitidez y profundidad de campo excepcionales; sin embargo, lograr los mejores resultados requiere una preparación compleja. Se deben tomar varias imágenes a intervalos equidistantes y con exposiciones iguales. Cuando la profundidad de campo está muy por debajo de 1 milímetro, el reposicionamiento de la cámara es muy delicado. Utilizamos una plataforma robótica de movimiento lineal, junto con un *software* personalizado, para mover la cámara en incrementos minúsculos y precisos y tomar fotografías en estas posiciones.

Esta imagen es el resultado de combinar ocho fotografías equidistantes mediante un *software* de apilamiento de enfoque. En la página siguiente, vemos una parte de cuatro de los ocho originales.

Glosario

AISLAMIENTO ELÉCTRICO
Transmisión de energía o señales entre cables sin una ruta eléctricamente conductora que los conecte. A veces se conoce como «aislamiento galvánico».

AISLANTE
Material que no conduce electricidad.

ANODIZACIÓN
Proceso electroquímico, utilizado con metales como el aluminio y el tántalo, por el que se convierte la superficie exterior en un óxido metálico texturizado con una gran superficie.

ÁNODO
Parte positiva («+») de un componente que tiene partes positivas y negativas. La parte negativa se conoce como «cátodo».

BAQUELITA
Resina plástica de base fenólica que se utiliza frecuentemente como aislante o carcasa en dispositivos electrónicos clásicos.

BLINDAJE
Barrera, generalmente de metal fino, que se utiliza para reducir la interferencia electromagnética. Reduce las señales entrantes y ayuda a disminuir la emisión de señales desde el interior del blindaje.

BOBINA
Carrete alrededor del cual se enrollan los cables.

BOBINA DE VOZ
Bobina de cables de un altavoz que se mueve cuando se le aplica corriente. También se refiere a motores lineales y rotativos que funcionan según el mismo principio.

BOBINADO
Cable individual que puede enrollarse varias veces alrededor de un solenoide.

BUS SERIE UNIVERSAL (USB)
Conjunto de estándares de la industria informática para cables, conectores y protocolos de comunicación entre ordenadores y periféricos.

CABLE DE UNIÓN
Cable metálico ultrafino que se puede conectar directamente a matrices semiconductoras.

CABLE MAGNÉTICO
Cable sólido, normalmente de cobre, aislado con una capa muy fina de barniz, ampliamente utilizado en inductores, altavoces y otros dispositivos electromagnéticos.

CAPA DE REDISTRIBUCIÓN (RDL)
Placa de circuito en miniatura que se utiliza como alternativa a un marco conductor en paquetes de circuitos integrados que tienen una gran cantidad de conexiones.

CÁTODO

Parte negativa («-») de un componente que tiene partes positivas y negativas. La parte positiva se denomina «ánodo».

CERMET

Material compuesto hecho de cerámica y metal.

CHIP

Expresión coloquial para designar un circuito integrado, que procede de «chip de silicio».

CIRCUITO HÍBRIDO

Componente formado por muchos otros componentes, normalmente circuitos integrados y componentes pasivos, y por una placa de circuito de cerámica o de fibra de vidrio que los conecta.

CIRCUITO INTEGRADO (CI)

Circuito hecho con muchos dispositivos, como transistores y resistencias, fabricados juntos en un único chip semiconductor.

COAXIAL

Describe elementos que comparten el mismo eje central.

COMPUESTO

Material o componente formado por otros materiales o componentes.

CONDENSADOR

Componente que almacena energía en forma de electricidad estática. Normalmente, está hecho de placas metálicas intercaladas separadas por un material dieléctrico.

CORRIENTE

Tasa de flujo de carga eléctrica a través de un circuito, análogo a la tasa de flujo de agua (por ejemplo, litros por minuto) en una tubería.

CORRIENTE ALTERNA (CA)

En contraposición a la corriente continua (CC), se refiere a señales eléctricas que van y vienen suavemente entre los polos positivo y negativo, empujando y tirando de la corriente mientras se mueven. La mayoría de las tomas de corriente y sistemas de transmisión de energía utilizan CA.

CORRIENTE CONTINUA (CC)

En contraposición a la corriente alterna (CA), se refiere a señales eléctricas donde la corriente fluye en una única dirección. Las baterías y la mayoría de las fuentes de alimentación con enchufe tienen salida CC.

CURSOR

Punto de contacto que puede moverse, como en el terminal central de un potenciómetro.

DIELÉCTRICO

Aislante eléctrico. Se pueden elegir diferentes dieléctricos por su capacidad para soportar tensiones más altas o para aumentar la cantidad de campo eléctrico que se puede almacenar, como en un condensador.

DIODO

Componente electrónico que permite que la corriente fluya a través de él en una única dirección.

DIODO EMISOR DE LUZ (LED)
Diodo diseñado para emitir luz cuando la electricidad fluye a través de él.

DIODO LÁSER
Tipo especial de diodo emisor de luz (LED) que emite luz láser.

ELECTRODO
Conductor eléctrico que entra en contacto con una parte no metálica de un componente, como un dieléctrico. También puede hacer referencia a los conductores eléctricos que emiten o recolectan electrones en el vacío.

ELECTROLITO
Fluido eléctricamente conductor.

ESCOBILLAS
Elementos accionados por resorte en un motor de CC que conectan eléctricamente las partes móviles y las estáticas.

ESTÁTOR
Parte estática de un motor.

FENÓLICO
Clase de compuestos químicos, como la baquelita, comúnmente utilizados para el encapsulado de los primeros componentes electrónicos y en placas de circuitos. Este término también puede hacer referencia a ciertos materiales compuestos, incluidas las placas de circuito, incluso cuando no contienen resinas de base fenólica.

FERRITA
Cerámica rellena de óxido de hierro.

FILTRO
Dispositivo parecido a un filtro de aire o de agua que permite que solo ciertos tipos de señales eléctricas o longitudes de onda de luz pasen a través de él.

FÓSFORO
Compuesto químico que emite luz visible: algunos, al ser impactados por electrones, y otros, por luz visible o invisible. Son una parte importante de los ledes blancos y de los tubos de vacío que se iluminan, como los tubos de rayos catódicos o las pantallas fluorescentes de vacío.

FOTODIODO
Tipo de diodo que produce una señal eléctrica cuando la luz impacta contra él. Se utiliza frecuentemente como detector de luz, pero también como base de los paneles solares comunes.

FOTOTRANSISTOR
Tipo de transistor que produce una señal eléctrica cuando la luz impacta contra él y amplifica la señal resultante.

GERMANIO
Elemento químico, material semiconductor similar al silicio.

INDUCTOR
Componente que almacena energía en forma de campo magnético. Habitualmente, está hecho de alambre de cobre enrollado alrededor de una forma de ferrita.

INTERDIGITADO
Intercalado, como con los dedos entrelazados.

MARCO CONDUCTOR

En circuitos integrados encapsulados con pines, por ejemplo, en paquetes DIP o SOIC, conjunto de formas metálicas que comprende los pines externos y se conecta al CI mediante cables de unión.

MÁSCARA DE SOLDADURA

Resina aislante, a menudo de colores brillantes, que se aplica a las placas de circuito para controlar por dónde puede fluir la soldadura. Es la capa que hace que la mayoría de las placas de circuito sean de color verde.

MATRIZ

Fino bloque rectangular de material semiconductor, habitualmente de silicio, que contiene el área activa de un dispositivo semiconductor.

MATRIZ DE REJILLA DE BOLAS (BGA)

Paquete de componentes con el que se realizan conexiones en una placa de circuito a través de una serie de pequeñas bolas de soldadura en su parte inferior.

MONTAJE SUPERFICIAL

Método para conectar componentes soldándolos directamente sobre una cara de una placa de circuito.

ORIFICIO PASANTE

Método para soldar componentes a una placa de circuito donde dichos componentes tienen cables que pasan a través de orificios en la placa.

ORIFICIO PASANTE CHAPADO

Orificio perforado sobre una placa de circuito impreso, donde la superficie interior del orificio está recubierta de cobre para proporcionar conexiones entre las caras de la placa. Un ekemplo son las vías.

OSCILADOR

Elemento de circuito que produce una señal de salida a intervalos regulares o con una frecuencia constante. A menudo, se utiliza como fuente para señales de reloj.

PELÍCULA DELGADA

Tecnología de fabricación de circuitos basada en patrones grabados en capas ultrafinas de materiales conductores o resistivos pulverizados.

PELÍCULA GRUESA

Tecnología de fabricación de circuitos en la que se utilizan películas conductoras y resistivas serigrafiadas que se cuecen como esmaltes de cerámica sobre un sustrato cerámico.

POLO

Terminal de contacto dentro de un interruptor o relé.

POLO MAGNÉTICO

Regiones cercanas a los extremos de un imán donde el campo magnético es más fuerte, o piezas de material ferromagnético en contacto con esas regiones.

POTENCIÓMETRO

Resistencia ajustable de tres terminales.

PULVERIZACIÓN CATÓDICA

Proceso de precisión, realizado en una cámara de vacío, para depositar material sobre una superficie.

RECTIFICADOR
Diodo utilizado para convertir CA en CC.

RESISTOR
Componente que restringe el flujo de corriente eléctrica y disipa energía en forma de calor. Es parecido a una sección estrecha de una tubería de agua.

ROTOR
La parte que gira de un motor.

SENSOR
Componente electrónico con el que se mide una propiedad física, como la temperatura o el nivel de luz, o con el que se registra una imagen, como el sensor de una cámara.

SILICIO
Elemento químico. Es el material semiconductor más utilizado para fabricar circuitos integrados.

SILICONA
Polímero sintético elaborado con elementos químicos que incluyen silicio. El caucho de silicona es un material suave y gomoso que se utiliza para blindar componentes, aunque también como calafateo doméstico.

SIN ESCOBILLAS
Describe motores eléctricos sin escobillas, en los que se utilizan imanes giratorios, en lugar de bobinas giratorias.

SOLDADURA
Cualquiera de las diversas aleaciones metálicas de bajo punto de fusión que se utilizan para establecer conexiones eléctricas entre componentes en placas de circuitos y, a veces, dentro de los componentes.

SOLENOIDE
Bobina de alambre utilizada como electroimán, por ejemplo, en un relé o un altavoz.

SUSTRATO
Superficie subyacente sobre la que se construye algo.

TENSOR CON MUELLE
Contacto eléctrico accionado por resorte, dispuesto para realizar una conexión uniforme.

TERMINAL
Punto de conexión en un componente, desde donde puede ser vinculado a otros elementos del circuito.

TIRA BIMETÁLICA
Estructura metálica fina hecha de dos metales diferentes con diferentes tasas de expansión térmica, de modo que se dobla cuando cambia la temperatura.

TRANSFORMADOR
Solenoide hecho con más de un bobinado. Los transformadores se utilizan para el aislamiento eléctrico o para aumentar o disminuir el voltaje con una compensación en la capacidad de corriente.

TRANSISTOR
Componente semiconductor de tres terminales que permite que una señal eléctrica controle a otra.

TRANSISTOR DE UNIÓN BIPOLAR (BJT)
Uno de los tipos básicos de transistor, que normalmente se utiliza como amplificador o interruptor para pequeñas señales eléctricas.

TRAZA
Cable individual que forma parte de una placa de circuito.

VÍA
Orificio pasante chapado que conecta las capas de cobre de una placa de circuito, proporcionando un camino para las señales que deben pasar de una capa a otra.

VOLTAJE
Medida del potencial eléctrico disponible para mover una carga eléctrica a través de un circuito, análogo a la presión del agua en una tubería.

Índice

Acceda a www.marcombo.info
para descargar gratis **el regalo digital**
que hemos preparado para usted

Código: ELECTRONICA24

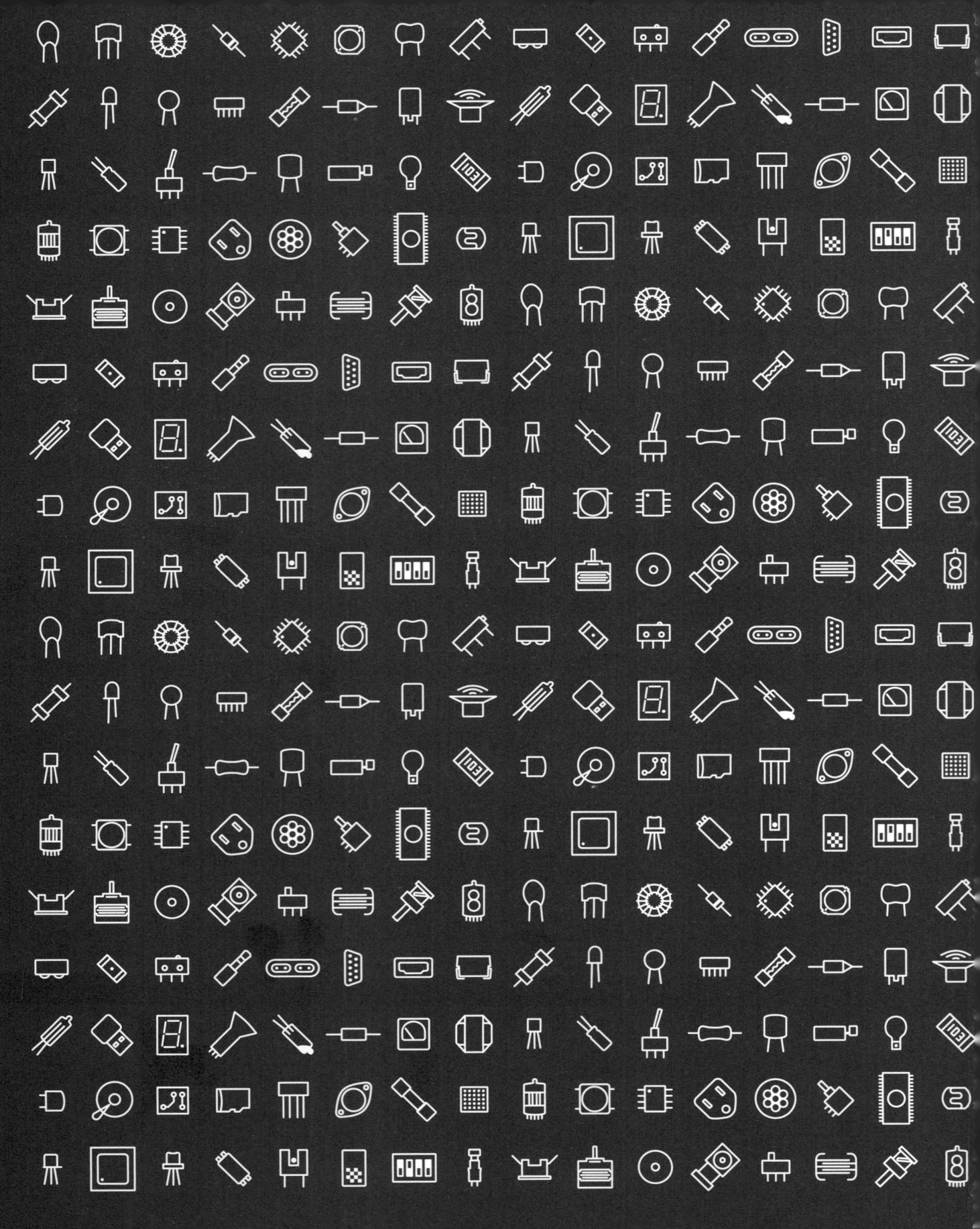